爱阅读课程化丛书

爱阅读

【伊林版】十万个为什么

〔苏〕米·伊林／著
李继勇／译

无障碍精读版
课外阅读佳作，爱阅读课程化丛书

分级阅读点拨·重点精批详注·名师全程助读·扫清阅读障碍

民主与建设出版社
·北京·

© 民主与建设出版社，2023

图书在版编目(CIP)数据

十万个为什么 /（苏）米·伊林著；李继勇译. —
北京：民主与建设出版社，2019.11（2023.12 重印）
ISBN 978-7-5139-2799-4

Ⅰ.①十… Ⅱ.①米… ②李… Ⅲ.①科学知识 – 儿童读物 Ⅳ.① Z228.1

中国版本图书馆 CIP 数据核字（2019）第 239022 号

十万个为什么
SHIWAN GE WEISHENME

出 版 人	李声笑
作　　者	（苏）米·伊林
译　　者	李继勇
责任编辑	刘树民
装帧设计	宋双成
出版发行	民主与建设出版社有限责任公司
电　　话	（010）59417747　59419778
社　　址	北京市海淀区西三环中路 10 号望海楼 E 座 7 层
邮　　编	100142
印　　刷	三河市祥宏印务有限公司
版　　次	2020 年 1 月第 1 版
印　　次	2023 年 12 月第 3 次印刷
开　　本	165 毫米 ×235 毫米　1/16
印　　张	13 印张　　彩插　0.375 印张
字　　数	140 千字
书　　号	ISBN 978-7-5139-2799-4
定　　价	24.80 元

注：如有印、装质量问题，请与出版社联系。

为什么穿上冰鞋不能在地板上滑行？

巴黎出现了真正的路灯

总序

北京书香文雅图书文化有限公司的李继勇先生与我联系，说他们策划了一套"爱阅读"丛书，读者对象主要是中小学生，这套书可以作为学生的课外阅读用书，希望我写篇序。作为一名语文教育工作者，为学生推荐优秀课外读物责无旁贷，在最近"双减"政策的大背景下，也更有意义。

一、"双减"以后怎么办？

前不久，中共中央办公厅、国务院办公厅印发了《关于进一步减轻义务教育阶段学生作业负担和校外培训负担的意见》，对义务教育阶段学生的作业和校外培训作出严格规定。这是一件好事。曾几何时，我们的中小学生作业负担重，不少孩子不是在各种各样的培训班里，就是在去培训班的路上。孩子们"学"无宁日，备尝艰辛；家长们焦虑不安，苦不堪言。校外培训机构为了增强吸引力，到处挖墙脚；有些老师受利益驱使，不能安心从教，导致社会怨声载道。他们的行为破坏了教育生态，违背了教育规律，严重影响了我国教育改革发展。教育是什么？教育是唤醒，是点燃，是激发。而校外培训的噱头仅仅是提高考试成绩，让孩子在中高考中占得先机。他们的广告词是"提高一分，干掉千人"，他们大肆渲染"分数为王"。在这种压力之下，孩子们面对的是"分萧萧兮题海寒"，他们不得不深陷题海，机械刷题。假如只有一部分孩子上培训班，提高的可能是分数。但是，如果大多数孩子或者所有孩子都去上培训班，那提高的就不是分数，而只是分数线。教育的根本任务是立德树人，是培根铸魂，是启智增慧，是让学生德智体美劳全面发展，是培养社会主义建设者和接班人，是为中华民族伟大复兴提供人才，而不是培养只会考试的"机器"，更不能被资本绑架。所以中央才"出重拳""放实招",目的就是要减轻学生过重的课业负担,减轻家长过重的经济和精神负担。

"双减"政策出台后,学生们一片欢呼,再也不用在各种培训班之间来回奔波了,但家长产生了新的焦虑:孩子学习成绩怎么办?而对学校老师来说,这是一个新挑战、新任务,当然也是新机遇。学生在校时间增加,要求老师提升教学水平,科学合理布置作业,同时开展课外延伸服务,事实上是老师陪伴学生的时间增加了。这部分在校时间怎么安排?如何让学生利用好课外时间?这一切考验着老师们的智慧,而开展各种课外活动正好可以解决这个难题,比如:热爱人文的,可以参加阅读写作、演讲辩论、学习传统文化和民风民俗等社团活动;喜爱数理的,可以参加科普科幻、实验研究、统计测量、天文观测等兴趣小组;也可以参加体育比赛、艺术(音乐、美术、书法、戏剧)体验和劳动教育等实践活动。当然,所有的活动都应以培养学生的兴趣爱好为目的,以自愿参加为前提。学校开展课后服务,可以多方面拓展资源,比如博物馆、图书馆、科技馆、陈列馆、少年宫、青少年活动中心,甚至校外培训机构的优质服务资源,还可组织征文比赛、志愿服务、社会调查等,助力学生全面发展。

二、课外阅读新机遇

近年来,"新课标""新教材""新高考"成为语文教育改革的热词。前不久,我看到一个视频,说语文在中高考中的地位提高了,难度也加大了。这种说法有一定道理,但并不准确。说它有一定道理,是因为语文能力主要指一个人的阅读和写作能力,而阅读和写作能力又是一个人综合素养的体现。语文能力强,有助于学习别的学科。比如:数学、物理中的应用题,如果阅读能力上不去,读不懂题干,便不能准确把握解题要领,也就没法准确答题;英语中的英译汉、汉译英题更是考查学生的语言表达能力;历史题和政治题往往是给一段材料,让学生去分析、判断,得出结论,并表述自己的观点或看法。从这点来说,语文在中高考中的地位提高有一定道理。说它不准确,有两个方面的理由:一是语文学科本来就重要，不是现在才变得重要，之所以产生这种错觉，是因为在应试教育的背景下，语文的重要性被弱化了；二是语文考试的难度并没有增加，增加的只是阅读思维的宽度和广度，考查的是阅读理解、信息筛选、应用写作、语言表达、批判性思维、辩证思维等关键能力。可以说，真正的素质教育必须重视语文，因为语文是工具，是基础。不少家长和教师认为课外阅读浪费学习时间，这主要是教育观念问题。他们之所以有这种想法，无非是认为考试才是最终目的，希望孩子可以把更多时间用在刷题上。他们只看到课标和教材的变化，以为考试还是过去那一套，其实，考试评价已发生深刻变革。目前，考试评价改革与新课标、新教材改革是同向同行的，都是围绕立德树人做文章。中共中央、国务院印发的《深化新时代教育评价改革总体方案》明确指出："稳步推进中高考改革，构建引导学生德智体美劳全面发展的考试内容体系，改变相对固化的试题形式，增强试题开放性，减少死记硬背和'机械刷题'现象。"显然就是要用中高考"指挥棒"引领素质教育。新高考招生录取强调"两依据，一参考"，即以高考成绩和高中学业水平考试成绩为依据，以综合素质评价为参考。这也就是说，高考成绩不再是高校选拔新生的唯一标准，不只看谁考的分数高，还要看谁更有发展潜力、更有创造性、综合素质更高，从而实现由"招分"向"招人"的转变。而这绝不是仅凭一张高考试卷能够区分出来的，"机械刷题"无助于全面发展，必须在课内学习的基础上，辅之以内容广泛的课外阅读，才能全面提高综合素养。

三、"爱阅读"助力成长

这套"爱阅读"丛书是为中小学生量身打造的，符合《义务教育语文课程标准》倡导的"好读书、读好书、读整本的书"的课改理念，可以作为学生课内学习的有益补充。我一向认为，要学好语文，一要读好三本书，二要写好两篇文，三要养成四个好习惯。三本书指"有字之书""无字之书"和"心灵之书"，两篇文指"规矩文"和"放胆文"，四个好习惯指享受阅读的习惯、善于思考的习惯、乐于表达的习惯和自主学习的习惯。古人说"读万卷书，行万里路"，实际上就是要处理好读书与实践的关系。对于中小学生来说，读书首先是读好"有字之书"。"有字之书"，有课本，有课外自读课本，还有"爱阅读"这样的课外读物。读书时我们不能眉毛胡子一把抓，要区分不同的书，采取不同的读法。一般说来，有精读，有略读。精读需要字斟句酌，需要咬文嚼字，但费时费力。当然也不是所有的书都需要精读，可以根据自己的需要决定精读还是略读。新课标提倡中小学生进行整本书阅读，但是学生往往不能耐着性子读完一整本书。新课标提倡的整本书阅读，主要是针对过去的单篇教学来说的，并不是说每本书都要从头读到尾。教材设计的练习项目也是有弹性的、可选择的，不可能有统一的"阅读计划"。我的建议是，整本书阅读应把精读、略读与浏览结合起来。精读重在示范，略读重在博览，浏览略观大意即可，三者相辅相成，不宜偏于一隅。不仅如此，学生还可以把阅读与写作、读书与实践、课内与课外结合起来。整本书阅读重在掌握阅读方法，拓展阅读视野，培养读书兴趣，养成阅读习惯。

再说写好两篇文。学生读得多了，素养提高了，自然有话想说，有自己的观点和看法要发表。发表的形式可以是口头的，也可以是书面的，书面表达就是写作。写好两篇文，一篇"规矩文"，一篇"放胆文"。"规矩文"重打基础，"放胆文"更见才气。"规矩文"要求练好写作基本功，包括审题、立意、选材、构思等，同时还要掌握记叙文、议论文、说明文、应用文的基本要领和写作规范。"规矩文"的写作要在教师的指导下进行。"放胆文"则鼓励学生放飞自我、大胆想象，各呈创意、各展所长，尤其是展现自己的应用写作能力、语言表达能力、批判性思维能力和辩证思维能力。"放胆文"的写作可以多种多样，除了大作文，也可以写小作文。有兴趣的还可以进行文学创作，写诗歌、小说、散文、剧本等。

学习语文还要养成四个好习惯。第一，享受阅读的习惯。爱阅读非常重要。每个同学都应该有自己的个性化书单，有的同学喜欢网络小说也没有关系，但需要防止沉迷其中，钻进"死胡同"。这套"爱阅读"丛书，就给中小学生课外阅读提供了大量古今中外的名家名作。第二，善于思考的习惯。在这个大众创业、万众创新的时代，创新人才的标准，已不再是把已有的知识烂熟于心，而是能够独立思考，敢于质疑，能够自己去发现问题、提出问题和解决问题，需要具有探究质疑能力、独立思考能力、批判性思维和辩证思维能力。第三，乐于表达的习惯。表达的乐趣在于说或写的过程，这个过程比说得好、写得完美更重要。写作形式可以不拘一格，比如作文、日记、笔记、随笔、漫画等。第四，自主学习的习惯。我的地盘我做主，我的语文我做主。不是为老师学，也不是为父母长辈学，而是为自己的精神成长学，为自己的未来学。

愿广大中小学生能借助这套"爱阅读"丛书，真正爱上阅读，插上想象的翅膀，飞向未来的广阔天地！

2021 年 10 月 15 日

写于京东大运河畔之两不厌居

阅读领航

阅读准备

· 作家生平 ·

米·伊林（1896—1953），苏联著名科普作家、工程师、儿童文学作家，诞生于乌克兰，从小酷爱读书，喜欢大自然，喜爱科学实验，1914年中学毕业，因成绩优异获得金质奖章。他从1924年起，他在大学期间就开始创作科学文艺性短文，1927年发表了《不夜天》，受到深受读者的喜爱。在此后的30多年里，他创作了多部作品，其中有《黑白》《几点钟》《在你周围的事物》《人怎样变成巨人》等，在普及科学知识，鼓舞人们认识自然、改造自然等方面起到了巨大作用。
伊林于1953年11月15日在莫斯科逝世，终年57岁。

· 创作背景 ·

《十万个为什么》这一极富生命力的书名，取自于1907年获诺贝尔文学奖的英国作家卡卜·吉卜林的一句话《五千个哪里，七千个怎样，十万个为什么》。它采用"屋内旅行记"的方式，对日常生活中的各种事物，提出了许多意想不到的问题。
伊林站在家中水龙头边，开始想水，走到炉子边，开始想火。他家的餐桌、碗柜和衣橱，让他处于了许多联想。他把简单的事物想如此有趣。伊林在家里走了20多步，就写出了这本小书，然后告诉我们，这是一本导游书，是写给那些想要在家里进行一次旅行的人的。

· 作品速览 ·

本书包罗万象，向古今，向儿童们展示了一个色彩斑斓的知识世界，启发读者积极思考、大胆想象，充分发挥自己的智慧和创造力，比如为什么细胞器比陶器更好？多层几件水服为什么比较暖？水服为什么不具有保暖功能？原子核是如何被发现的？这作小问题吸引着读者深思，给人以深刻的启迪。

· 文学特色 ·

一、文学和科学相结合，用义乙的笔调、生动的比喻、典型的事例、诗一样的语言，娓娓动听地讲述科学知识。
二、内容丰富，涉及领域多，比如屋内旅行、微观世界、灯的来历等，给读者以严谨，科学的指导的同时，让读者获得自然和人文科学知识。
三、深入浅出的问答，以"为什么"的形式提问，用通俗生动的语言，深入地地给予以巧妙的回答，将抽象、深奥、枯燥的科学知识形象简洁地表达出来。

阅读准备　"作家生平"，走近作家，一睹作家风采；"创作背景"，了解作品创作的时代背景；"作品速览"，把握故事全貌、主题意蕴；"文学特色"，发掘作品深刻的文学价值，以增进理解，提高阅读效率。

阅读总结

名家心得

伊林，他以前的许多著作早已为许多读者所熟知。这本著作非常成功，是因为作者是那种"把复杂深奥的事情讲得简单明了"的稀有的天才。
——高尔基

内容丰富，文字生动，思想活泼，图文简短。
——著名科普作家 高士其

读者感悟

我想问一个题——"干冰"是冰吗？有人会说是，也有人说不是，因为他们总糊涂的。我读了《十万个为什么》这本书后知道了这种问题的答案。原来不是冰。现在让我来告诉你什么是干冰吧。曾有几个地质勘探队员去美国的得克萨斯州路探山，他们在用粘探机打井，当钻到煤层的地方时，突然，从钻孔里喷出了一大堆白色的"雾气"。地质勘探队员们很奇异，就上前观察，结果他们的手上有些起了泡，有的变黑了。原来那"白雾"并不是真正的雾，而是"干冰"。干冰不是水凝结而成的，而是由无色的二氧化...

名称	形态	成因
雨	液态	大多数飘浮在空中的小水滴会合并，且越来越大，最后会变成大水滴，落到地面就成了雨。
露	液态	当空气中的水蒸气遇冷凝结成小水珠并附着在物体上时，就成了露珠。
霜	液态	空气中的水蒸气冷凝结成小水珠，当它们接触地面时就形成了雾。
水蒸气	气态	当水遇热蒸发后，就形成了气态的水蒸气、水蒸气用肉眼是无法看见的。

真题演练

一、填空题
1. 1672年（　　）在伦敦出版了《俄国现状，致伦敦友人书中的记叙》一书。
2. 同样质量的水变成冰后，体积会大（　　）倍。
3. 来自江河湖的水通过专用的管道流进自来水厂，经过（　　）。
4. 再通过水加压加压，最后流进自来水管道中。
5. 火柴头上涂了一层（　　），当火柴头上的易燃物与火柴盒一侧的发火剂相摩擦时，火柴杆就会点燃起来。

二、判断题
1. 人们从广场的水井里打上来的水是干净的。（　　）
2. 只要自来水冲一下就能彻底消灭细菌冲净。（　　）
3. 冰会像水一样爆炸。（　　）

阅读总结　"名家心得"，听听名家怎么说；"读者感悟"，看看别人怎么想；"阅读拓展"，帮你丰富文学知识，增强艺术感受力；"真题演练"，考查阅读本书后的效果，是对阅读成果的巩固和总结。习题具有一定的延伸性和扩展性，对于没有回答上来的问题，读者可以借此发现阅读上的不足，心中带着疑问，为下一次的精读做好准备。

接受文学名著的滋养，读写贯通，读为写用，读写双升

第一站　生活中的水

[作品导读]

水是我们赖以生存的物质，鱼儿离开水就无法存活，我们人类离开水同样也是如此。这种无色无味的液体，不仅维持着我们的生命，更能清洁我们的环境。那么，我们平时都是怎么利用水的呢？

名师导读　指引你快速知晓章节内容，提高阅读兴趣。

人从什么时候学会了用水洗澡？

❶背景介绍——介绍了水在人们生活中的重要性，人们离不开水，而且每人每天的用水量也不小。

我们都知道，人洗澡是离不开水的，自来水的出现极大地方便了我们的生活。有人做过统计：现代人每人每天要消耗约十桶水。但在15世纪，即使是繁华的巴黎，人们一天的用水量也只有一桶。在水资源获取方式的制约下，那时的人们别说天天洗澡，就是洗衣服也是件头疼的事。

那个时候没有自来水，人们用的最干净的水是从广场的水井里打上来的。这样的水干净吗？答案是否定的。试想晚上野猫、野狗之类的动物也会跑到水井边，落水的情况时有发生，水的卫生程度就可想而知了。取水不方便是当时人们

名师点评　名师妙语，见解独特，视角新颖。

本站主要介绍了水、肥皂去污的原理。我们知道水是一切生命之源，通过本站我们了解了自来水的历史，知道了它的消毒过程。水对于生命起着重要作用，人体的大部分活动都有水的参与。除此以外，水还可以去除污渍，还可以结成冰让人在上面滑行。同时，我们也知道了肥皂去污的原理。总之，本站让我们更深一步地了解了水。

[延伸思考]

1. 肥皂清洁的原理是怎样的？
2. 人体一天中补水的方式都有哪些？
3. 水管在冬天胀破的原因是什么？

[相关链接]

烟炱（tái）

烟炱是指从烟由中分离下来或被烟气冲刷下来的煤烟。它的成分中大部分都是碳，粒径一般都小于0.5微米（μm），甚至有的小于0.1微米（μm）。

烟炱可用于墨的生产，也可用来制作颜料、油漆等，一般用作橡胶制造的补强剂。

　评点章节要旨，发人深省。

　开拓思维，启迪智慧。

　在轻松阅读中开阔视野。

Contents

目录

1	阅读准备
3	第一章 屋中漫游
4	第一站　生活中的水
14	第二站　火　炉
24	第三站　餐桌和炉灶
44	第四站　厨　房
60	第五站　碗　柜
71	第六站　衣　柜
79	第二章 奇妙之旅
80	第一站　它们从什么地方来？
122	第二站　遨游原子世界
149	第三章 灯的故事
150	第一站　没有灯的街道
160	第二站　路灯亮了
168	第三站　天然气灯和煤油灯
175	第四站　不用火的灯
187	第五站　不热的灯光
195	阅读总结

·作者生平·

米·伊林（1896—1953），苏联著名科普作家、工程师、儿童文学作家，诞生于乌克兰，从小酷爱读书，喜欢大自然，喜爱科学实验，1914年中学毕业，因成绩优异获得金质奖章。自1924年起，他在大学期间就开始创作科学文艺性短文，1927年发表《不夜天》，深受读者的喜爱。在此后的30多年里，他创作了多部作品，其中有《黑白》《几点钟》《在你周围的事物》《人怎样变成巨人》等，在普及科学知识，鼓舞人们认识自然、改造自然等方面起到了巨大作用。

伊林于1953年11月15日在莫斯科逝世，终年57岁。

·创作背景·

《十万个为什么》这一极富生命力的名称，取自于1907年获诺贝尔文学奖的英国作家卢·吉卜林的一句话："五千个哪里，七千个怎样，十万个为什么。"它采用"屋内旅行记"的方式，对日常生活中的各种事物，提出了许多意想不到的问题。

伊林站在家中水龙头前，开始想水，为什么水能灭火？又走到他家的炉子旁，开始想火。他家的餐桌、碗柜和衣柜，也让他想了许多，他总是把简单的事物想得如此有趣。伊林在家里走了20多步，就写出了这本小书，然后告诉我们，这是一本导游书，是写给那些愿意在家里进行一次旅行的人的。

·作品速览·

本书包罗万象、融合古今，向儿童们展示了一个色彩斑斓的知识世界，启发孩子积极思考、大胆想象，充分发挥自己的智慧和创造力。比如为什么细瓷器比陶器更好？多穿几件衣服为什么更保暖？衣服为什么不具有保暖功能？原子核是如何被发现的？这些小问题吸引着读者深思，给人以深刻的启迪。

·文学特色·

一、文学和科学相结合。用文艺的笔调、生动的比喻、典型的事例、诗一样的语言，娓娓动听地讲述科学知识。

二、内容丰富。涵盖诸多领域，比如屋内旅行、微观世界、灯的来历等，给读者以严谨、科学的指导的同时，让读者获得自然和人文科学知识。

三、深入浅出的问答。以"为什么"的形式提问，用通俗生动的语言，深入浅出地予以巧妙的回答，将抽象、深奥、枯燥的科学知识形象而浅近地表达出来。

第一章　屋中漫游

　　房间是我们生活和休息的场所，这里有很多我们熟悉的事物，同时也有很多不熟悉的事物，比如一些我们平日里接触的物品，你能说出它们的来历吗？下面就让我们漫步房间，用科学的视角去接触它们、认识它们，你会掌握许多有趣的知识。

第一站　生活中的水

名师导读

水是我们赖以生存的物质，鱼儿离开水就无法存活，我们人类离开水同样也是如此。这种无色无味的液体，不仅维持着我们的生命，更能清洁我们的环境。那么，我们平时都是怎么利用水的呢？

人从什么时候学会了用水洗澡？

❶背景介绍
介绍了水在人们生活中的重要性，人们离不开水，而且每人每天的用水量也不小。

① 我们都知道，人洗澡是离不开水的，自来水的出现极大地方便了我们的生活。有人做过统计，现代人每人每天要消耗约十桶水。但在15世纪，即使是繁华的巴黎，人们一天的用水量也只有一桶。在水资源获取方式的制约下，那时的人们别说天天洗澡，就是洗衣服也是件头疼的事。

那个时候没有自来水，人们用的最干净的水是从广场的水井里打上来的。这样的水干净吗？答案是否定的。试想晚上野猫、野狗之类的动物也会跑到水井边，落水的情况时有发生，水的卫生程度就可想而知了。取水不方便是当时人们不经常洗澡的原因之一。另外，当时的人们也不像现代人这样注意卫生，所以他们很长时间不洗澡也就不足为怪了。

①时间来到300年前，就连当时最富有的国王也不会天天洗澡。在法国国王的豪华宫殿里，你可以随处看到来自各地的奢侈品，却找不到我们现在非常常见的脸盆。有人推断，当时的国王每天清晨可能只是用一块湿毛巾擦一下脸和手就算做了卫生清洁。

俄国人要比其他欧洲国家的人讲究卫生。当时的莫斯科已经有公共澡堂，莫斯科人会经常走进澡堂洗去一身的污秽。这让来到莫斯科的外国人无比惊讶。柯林斯（英国人，1659年到1666年间在俄国做沙皇的御医，1672年，他在伦敦出版了《俄国现状，致伦敦友人书中的记述》）曾在他的日记中这样写道：②"澡堂在俄国是一个非常赚钱的生意，因为俄国人酷爱洗澡。即使在寒冬找不到热水，他们也会用冷水浇在身上洗澡。"

我们再聊聊巴黎的生活。那时的巴黎人不仅不爱洗澡，甚至不爱换衣服，很多人一个月只洗一两次衣服。那时的人们都是如此，所以根本没人关心你的衬衣是否干净，每天晚上，他们会把身上所有的衣服脱掉，光着身子上床睡觉。到了200年前，巴黎人才开始频繁地换洗衣服。

还有一种现代人常常使用的随身物品——手帕，也是在二三百年前才开始出现，但在当时，它也是少数富人才拥有的物品。

当时，富人家的床上会挂上豪华的帐幔，它的作用不是用来装饰，而是为了防止天花板里的臭虫掉到床上。就算王宫的房顶也有臭虫，所以帐幔是一种非常常见的床上用品。

❶叙述
通过国王的事例，反映了当时水资源的稀缺。

❷引用
柯林斯用文字记录了当时俄国人对于洗澡的钟爱，再现了当时俄罗斯人对个人卫生的重视。

讽刺的是，帐幔并不能很好地防止臭虫骚扰，相反，帐幔上的褶子反而恰好是臭虫最喜欢待的地方。

在几百年前的城市还没有下水道，人们习惯顺着窗户把脏水泼到大街上去。时间一久，街道上变得污水横流，散发出阵阵恶臭，行人只能掩着鼻子快步走过。

1867年，莫斯科人在铺设地下天然气管道时，意外发现了15世纪时用木头铺设的街面。这层古老的街面上堆积着一层厚厚的污泥，再往下挖，又是一层时间更久的木头街道，上面同样布满了污泥。①难怪当时欧洲瘟疫横行，那时的人们还不懂得卫生的重要性，于是细菌就成了疾病传播的罪魁祸首。当时的人们寿命很短，儿童的存活率也比较低，染上天花、麻风病之类传染病的人不计其数。

反观现代人为什么健康长寿呢？因为水、肥皂和干净的环境使大量致病菌失去了生存空间。

为什么水能去除脏东西？

如果我们手上、衣服上、餐具上有了脏东西，就会用水来洗干净；②但是，你有没有想过，为什么水能去除脏东西呢？河流能把水面上的浮叶冲走，同样道理，水也能冲走我们手上的污垢。

那么在洗手的时候，如果只靠自来水冲一下是否能将污垢冲干净呢？一部分顽固的污垢当然是冲不掉的，还需要我们把两只手互相搓洗一下，才能把残留的污垢搓掉，然后再用水冲干净。

同样的道理，我们在洗衣服、洗袜子的时候，也不能仅靠水的力量就让它们变干净。你把脏衣服泡进洗衣盆

---

❶叙述

当时的欧洲人由于不讲究卫生，导致瘟疫传播，人们的健康遭到了极大的威胁，表现了受到污染的环境对人们生活的影响。

❷设问

解释了水之所以能去除脏东西，其原理与河流冲走浮叶是一样的。为下文做铺垫。

里，估计几天的时间也不能使它们变得洁净如新。这时我们就要用力揉搓它们，特别是在洗鞋子的时候，我们还要用到刷子，这样才能把它们洗干净。①就像铅笔写的字需要用橡皮擦净一样，衣服上的脏东西经过揉搓后，水就能把它们冲走了。

肥皂是怎么去除污垢的？

②在洗衣粉、洗衣液还没出现的时候，人们洗衣服时都会用到肥皂，这样一块神奇的东西会把衣服洗得焕然一新。它是怎么做到的呢？

在肥皂还没出现以前，人们想洗净衣服是件非常麻烦的事，比如衣服上被烟熏黑的烟炱（tái，由烟凝积成的黑灰）就很难清洗掉。烟炱是由非常细小的颗粒组成的，它的形状不规则，一旦钻进衣服或皮肤的纹理中，用水很难洗掉；但用肥皂一搓，肥皂就会让烟炱变光滑，再用水一冲，就很容易把它清洗掉了。

试想一下，泡沫多的肥皂和泡沫少的肥皂，哪一种洗衣服洗得更干净呢？事实证明，出肥皂泡多的肥皂洗衣服更干净，由此推断，洗衣服的干净程度取决于泡沫的多少。

我们知道了肥皂的泡沫能洗干净衣服，但这些泡沫是由什么组成的呢？

让我们观察一下肥皂的泡沫，这些泡沫是由大大小小数不清的小肥皂泡组成的，而每一个肥皂泡又都由一个被水膜包裹着的小空气球组成。烟炱就是被这些小肥皂泡带走的，烟炱被肥皂泡裹住后，就容易被水冲走了。

矿厂受到肥皂泡的启发，把这种原理用在了选矿上。矿

❶举例子
说明水并不能冲掉衣物上所有的污垢，还需要揉搓一下才行。

❷疑问
引发读者的阅读兴趣，为下文做铺垫。

✎ 读书笔记

石和普通石头一样都会下沉，但如果把它们研磨成粉放进有大量泡沫的水里，矿物因为体积较大，就会被泡沫裹住浮在水面上。这样一来，水面上漂浮的就只有矿物颗粒，水面下沉着的则是普通的石粉。利用肥皂泡很容易就能把矿物和石头分开了。

① 这就是为什么肥皂能让衣服洗得更干净的原因，同样的原理用在了别的行业，给人们的生产生活带来了极大的便利。

人为什么要喝水？

② 水是生命之源，对人来说，水的作用仅次于氧气。人体重量的70%左右是水分，人体细胞都是由水组成的。人一旦缺水，只能活短短几天时间。你有没有想过一个问题，人为什么会口渴，人为什么要喝水？

其实道理很简单，人体内含有大量水分，人在日常活动时，水分无时无刻不在消耗，当水分消耗到一定程度时，我们就会感到口渴，这时就需要通过喝水来补充水分（人应该每天定量进水，而不是等到口渴时才喝水）。我们做个小试验，你往玻璃上呼一口气，你会发现玻璃上蒙了一层雾气，它是由我们体内呼出的水蒸气遇到冰凉的玻璃凝结而形成的小水珠。这说明我们每次呼气，都会消耗一定的水分。

夏天天气炎热，我们会出汗，每次上厕所排尿，也是水分，这些汗液和尿液就是消耗水分的过程。可见一个人每天无时无刻不在消耗水分。有人做过统计，一天24小时，一个正常的人体会消耗近12杯的水，所以，我们一天也要补充近12杯水的量。

---

❶ 呼应前文
由开头的提问到结尾的总结，让人们了解了肥皂能让衣服洗得干净的原因，体现了肥皂的便利性。

❷ 点明主题
说明水对于生命的重要性。

① 人只有喝水这一种补水的方式吗？

当然不是，我们每天进餐的时候，也会通过食物补充水分。比如我们吃的蔬菜、水果等就含有大量水分，特别是一些瓜果，它们含有的水分比固体食物要多得多。

② 前面我们讲过，人体中水分的含量是非常高的，一个体重40千克的人，一般情况下，他体内会含有近35千克的水，剩下的才是固体物质。而儿童和青少年体内的水分比成年人还要多。

人们不禁会问，为什么我们体内含有这么多水，为什么这些水会老老实实待在身体里，不会溢出来呢？其实这和人类的身体构造有关。把肉类的切片和黄瓜的切片拿到显微镜下观察，你会发现肉和黄瓜里有很多充满液体的细胞。这些细胞外有一层细胞膜，细胞膜将水分牢牢裹住，这样，水分就不会轻易"流"掉。现在明白水对我们有多么重要了吧？所以读者朋友们一定要养成每天定量喝水的好习惯。

水会把房屋炸毁吗？

当你看到这个问题的时候，一定会感到莫名其妙；因为在我们印象中，水是流动的液体，怎么会有炸药的威力呢？事实上，如果处理不当，水也能发挥出炸药一样的威力。

有一次，水把一座五层高的建筑炸毁了，二十几个人当场丧生。水怎么会发生爆炸呢？原来，这座五层高的楼里面，有一家工厂在楼的一层安装了一个大型锅炉。发生事故这一天，锅炉工没有及时给锅炉添水，导致锅炉里的水烧干了，结果锅炉壁烧得通红，锅炉工这才急忙往锅炉内添水。

---

❶ 承上启下

承接上文，说明人们通过喝水来补充水分，并引述下文，强调人们还有不同的方式来进行身体的补水。

❷ 列数字

介绍了水分在人体内所占的比例。

读书笔记

❶叙述

说明是因为水蒸气不断增多，致使压力不断增大，最终导致锅炉爆炸。表现出水的巨大威力。

❷对比

说明在不同情况下水爆炸的声音不同。

❸叙述

写出了水管胀破的原因。

水一遇到通红的锅炉瞬间就变成了水蒸气，① 在锅炉内聚集的水蒸气越来越多，致使锅炉内的压力越来越大，当锅炉壁承受不了这么大压力的时候，灾难就发生了。

在德国发生过更加严重的事故——22个蒸汽锅同时爆炸。这些威力巨大的"炸弹"几乎将周边的房屋全部炸毁，蒸汽锅的碎片被炸飞到了500米远的地方，可见水的威力是多么巨大。

在我们日常生活中，世界各地经常会发生蒸汽锅爆炸事故，只是没有上面这两次爆炸事故的破坏性大。一般的蒸汽爆炸都不怎么危险。② 我们在烧柴的时候，会听到炉子里传来"噼里啪啦"的声音，这是木柴中的水遇到高温变成水蒸气，冲破木头纤维而发出的声音。如果把木柴放在太阳下彻底晒干后再烧，就不会听到这种声音了。

冰会像水一样爆炸吗？

我们知道，冰是水的固态形式，所以冰也会爆炸；而且，如果冰爆炸，其威力绝不亚于上面提到的水蒸气，甚至会威胁到一座城市。冰的力量是可怕的，它可以让最坚固的岩石开裂。

秋天的时候，一场大雨会使一些水渗进岩缝中；冬天到来时，如果这些水分还没消失，水就会结成冰。水变成冰的时候，会发生膨胀现象，比如同样质量的水变成冰后，体积约增加1/9。所以，当岩缝中的水变成冰的时候，岩石就会受到冰的挤压，这样就会出现一些坚固的岩石在冬天开裂的现象。

③ 在北方严寒地区，冬天也要防止自来水管被冻坏。如果水管里残存的水流不干净，就会结冰膨胀，造成水管胀

破。冬天人们通常会给水管包上厚厚的棉衣，就是为了避免水管破裂。

世界上有不透明的水和透明的铁吗？

一提到水，在我们印象中一定是透明的液体。我们看到水是透明的，那是因为水不够深，如果我们把视线转到辽阔的洋底，那里则是一片黑暗的世界。生活在海洋深处的动物们可能一生都不知道什么是光明，因为光线穿不透几千米深的海水。

你所能看到的所有透明物体，究其原因，是因为它不够厚，换个角度讲，所有物体只要足够薄，就会变得透明。①比如一块玻璃，你从正面看，它是透明的；如果你从它的侧面看，则并不是透明的。

有人做过这样的实验，将一块铁皮做成1/100000毫米厚的薄片，神奇的一幕出现了，这张铁皮居然也和玻璃一样变得透明。透过这张薄铁片，人们甚至能看清其后面的文字。

所以，不透明的水和透明的铁是存在的，只要改变一下它们的性状，就能得到答案。

为什么穿上冰鞋不能在地板上滑行？

你发现了吗？滑冰运动员穿上冰鞋以后，在光滑的冰面上可以快速地滑行，可穿上这种鞋子在地板上却行动困难。这是为什么呢？有人可能说："那是地板不够光滑。"②可是在光滑的大理石地板上，冰鞋还是发挥不了在冰面上的作用。为什么会是这样呢？

读书笔记

❶ 举例子
举例说明从不同角度看玻璃其透明程度也不同，让人们更直观地理解能够看到透明物体的原因。

❷ 疑问
提出冰鞋在光滑的大理石地板上，为何无法达到在冰面上滑行的效果这一问题，为下文的解释埋下伏笔。

原来，当冰鞋上的冰刀与冰接触时，因为人体的力量使冰刀和冰的接触面融化，两者之间会形成一层水。这层水就是两者之间的润滑剂，它削弱了冰刀与冰之间的阻力。因此，穿上冰鞋我们可以顺畅地在冰面上滑行。

同样的道理，大块的冰川之所以能从山上滑下来，是因为冰川在压力下，它下面与地面接触的一层冰面会融化，使冰川的阻力变小，从而使冰川从山上滑落下来。

自来水的历史

自来水给我们的生活带来了极大便利，很难想象，如果没有自来水，我们的生活会变成什么样。①自来水并不是从水源地直接流到每家每户的自来水管中的，而是经过过滤、净化、消毒等工序，才流入千家万户的。

大多数地方的自来水水源来自江河湖泊，这些水通过专用的管道流进自来水厂，经过沉淀、过滤、消毒和入库，再通过水泵加压，最后流进自来水管道中。

自来水在输送进管道前要经过一道重要的工序——消毒。现在的自来水厂普遍使用氯化法消毒，这种消毒技术已经使用了100多年。但是，现在人们发现，氯可能会产生致癌物质，所以为了人们的健康，一些自来水厂也开始使用二氧化碳、臭氧等化学物质作为消毒剂。

臭氧是目前最安全的消毒方法，但缺点就是成本过于昂贵，而且消毒后的水不易长时间保存；所以臭氧消毒法只在少数国家使用。

❶**背景介绍**
介绍了水源地的水并不能直接使用，而是需要经过一系列工序后才能流入各家各户，供人们使用。

精华赏析

　　本站主要介绍了水、肥皂去污的原理。我们知道水是一切生命之源,通过本站我们了解到了自来水的历史,知道了它的消毒过程。水对于生命起着重要作用,人体内的大部分活动都有水的参与。除此以外,水还可以去除污渍,还可以结成冰让人在上面滑行;同时,我们也知道了肥皂去污的原理。总之,本站让我们更深一步地了解了水。

延伸思考

1. 肥皂清洁的原理是怎样的?
2. 人体一天中补水的方式都有哪些?
3. 水管在冬天胀破的原因是什么?

相关链接

烟炱(tái)

　　烟炱是指从烟囱中分离下来或被烟气冲刷下来的煤烟。它的成分中大部分都是碳,粒径一般都小于 0.5 微米(μm),甚至有的小于 0.1 微米(μm)。

　　烟炱可用于碳的生产,也可用来制作颜料、油漆等,一般用作橡胶制造的补强剂。

第二站　火　炉

名师导读

原始人类在懂得使用火之后，才脱离了茹毛饮血的生活。火不仅能带给我们温暖，还带给我们光明，更重要的是还能给我们带来美味的食物。所以，人是离不开火的。

人类是从什么时候开始使用火的？

①寒冷的冬天，窗外寒风呼啸，而房间里因为有了温暖的火炉，才把寒冷隔绝在墙外。看着炉子里跳跃的火苗，你是否会思考这些问题：人们是怎么发现火的，又是怎么学会取火的呢？

在远古时期，人们缺乏科学知识，对火像神明一样祭拜。当时的人认为火里住着神明，因此，人们通过点长明灯来供奉火神，甚至还会建造寺庙供奉火神。点长明灯是历史上最古老的祭祀活动之一。在原始社会，原始人还不会生火，只会找火。火可以驱走严寒，也能驱逐野兽。

❶环境描写
为了让房间有温度，人们用火炉来取暖。为下文作铺垫。

① 所以，我们就不难理解为什么远古人类对火有那么崇高的敬意了。那么，最初的火是怎么来的呢？

这要感谢大自然。有一天，电闪雷鸣，一道闪电击中了一棵干枯的树干，高温瞬间使树着起了火。当时的人类发现了这闪动的火苗，他们不敢靠得太近，却又不愿离开；因为他们发现，在寒冷的季节里，这团跳跃的火光，不仅给他们带来了光明，而且还带来了温暖，让他们发自内心地感到喜悦。

当时的人类虽然懂的知识不多，但他们生性勇敢，其中一个胆大的人把一根燃烧的树枝带回了洞穴，这就是原始的火种。

19世纪末期，爱迪生发明了电灯，电灯和火一样，都改变了人们的生活。但是，我们现代人却和远古人类一样离不开火。② 远古人类在后来的生活中慢慢摸索，终于掌握了钻木取火的方法，这样，人们就不再害怕火种丢失了。后来，人们在寺庙里点亮长明灯来纪念那段原始的日子——那个靠到野外寻找火种的时代。

不管钻木取火的方式多么原始，这种古老的取火方式都一直延续至今。

与古代有所不同的是，我们用火柴代替了木棍。火柴的方便之处是显而易见的：点燃一根火柴只需一两秒时间，而要想通过钻木摩擦点火，则至少需要五分钟；不仅如此，更重要的是还需要有足够的力气和耐力。

火柴为什么很容易就被点燃？

上面我们提到原始人类发明了钻木取火，改变了到野外

❶ 疑问
远古人类对火有崇高的敬意，从而引出下文对火的来源的介绍。

❷ 叙述
展现了原始人类的智慧。

读书笔记

觅火的取火方式。让我们来设想一下他们是怎么发明钻木取火的：当时的人类还处于石器时代早期，不会有我们现在的锯、刨之类的工具，但他们已学会使用磨制的骨头、石片等工具。①这类原始的工具笨拙，会花费他们不少的精力去制作。当他们拿着这些东西，在石头上用力地磨、搓的时候，发现石头会产生热量，他们便用木棍在一块质地更坚硬的木头上使劲摩擦，直至木棍变热燃烧起来。也许他们就是这样找到钻木取火的方法的。

火柴为什么很轻易就能被点燃呢？因为火柴头上裹了一层易燃的化学物质，当火柴头上的易燃物与火柴盒一侧的发火剂摩擦时，火柴杆就会被点燃着火。这就是火柴为什么容易点燃的原因。

火柴是什么时候发明的？

火柴的出现已经很久了，1933年，世界上第一家火柴厂迎来了100周年诞辰。②那么在火柴还没出现的时候，人们是怎么生火的呢？

在火柴还没出现时，许多欧洲人的口袋里会装一个小盒子，小盒子里面有一个小钢块、一块小石头和一块海绵状的物体，这三样东西就是点火的工具。

这些东西怎么使用呢？那个小钢块叫火镰，因为形状像镰刀，因此而得名。它由纯钢制成，打在火石上会发出火星，用来点燃火绒；小石头就是火石，又叫燧石，敲击时能发出火星；那块海绵状的东西就是火绒，它由艾草等物质蘸硝制作而成。这三样东西就是原始的"火柴"。

我们可以设想，当年一位穿着考究的绅士，嘴里叼着烟

❶ 动作描写
　　人们为了能够取火，利用原始工具不停地摩擦产生热量。体现了火对于人们生活的重要。

❷ 提出问题
　　引发读者的阅读兴趣，为下文的阐述进行了铺垫。

斗，他一只手取出火镰，另一只手拿着火石和火绒，开始用力把火镰敲向火石，可是火星太少，火绒没有点着；他又加大力度敲了几次，在连续敲击四五次之后，火绒点着了，他才用火线点燃他烟斗里的烟丝。

我们现在用的一些打火机还能看到当年这种取火工具的影子，只是在打火机内部，用摩擦力更大的铁轮代替了钢块，用火石代替了燧石，用浸了汽油的燃芯代替了火绒。从上面的例子可以看出，用火镰打着火并不是那么容易。因此，当欧洲人来到格陵兰岛，试图将这种点火工具传给因纽特人时，因纽特人却对此不感兴趣，他们更愿意使用古老的点火方式：用皮带快速拉动一根木棍转动，小木棍竖在一块干燥的木板上快速地摩擦着，直到点燃。

欧洲人似乎也厌倦了这种烦琐的取火方式，他们开始寻找更好、更方便的物质来代替上述三样取火装置。当时市场上有各种稀奇古怪的"化学取火器"。❶比如有一种火柴，取火时要碰触硫酸才会点燃；另一种玻璃材质的火柴，点火时要先用钳子把玻璃头夹碎。还有许多奇奇怪怪的取火装置，这里就不一一阐述了。实际上，这些取火器并不比文章开头所说的那种"火柴"方便，而且它们的价格一般人也难以承受。

❷后来，黄磷火柴出现了。黄磷是一种只需60℃就能燃烧的化学物质，显然它是一种非常适合做火柴的原料，但是它的缺点也很多，如毒性较大，易燃易爆，不容易保存等。设想一下，保存黄磷就如同保存炸弹一样，因为你不清楚什么时候它就会燃烧起火，甚至爆炸；而且黄磷在燃烧时会产生刺鼻的气味，那是二氧化硫所散发的气味。

1855年，瑞典人发明了一种新型火柴，将氯酸钾和硫黄

读书笔记

❶举例子
举例说明了取火器的类型。

❷列数字
说明黄磷是一种易燃物质。

等混合物粘在火柴梗上,而将赤磷药料涂在火柴盒侧面,这种火柴被称为"安全火柴"。直到这时,火柴才在世界各地开始广泛使用。

炉子烧着后,木柴到哪里去了?

在天然气和煤还没有被广泛用来作生活燃料时,人们烧火主要用到的燃料是木柴。人们把从山上砍伐的木头劈成一块块的木柴,木柴被丢进火炉里燃烧一两个小时后,就不见了,炉膛里只剩下一层柴灰。木柴哪里去了?当然是烧掉了,那么它是怎么变成灰的呢?

你看,蜡烛在燃烧完后也同样不见了。它是彻底消失了,还是变成我们肉眼看不到的物质了?我们可以做一个实验。①拿一把小匙和一根蜡烛,把蜡烛点燃,把小匙倒扣在蜡烛火焰的上方,过一会儿,你把小匙拿过来观察,就会发现小匙上出现了一层水雾。没错,蜡烛燃烧产生了水蒸气。再将小匙擦干净,把小匙直接放在火焰上,这时你会发现,小匙上会出现一层烟炱(细小的碳颗粒),那么这些碳颗粒是怎么来的呢?答案是蜡烛燃烧形成的。为什么我们在蜡烛里看不到碳颗粒呢?这就像我们看不到屋梁上的钉子一样,只有等屋子烧成灰后,才能找到钉子。

蜡烛燃烧之后就会变成碳颗粒和水,如果不借助小匙,我们便不能发现它们。因为水会变成水蒸气混入空气中,碳会随着燃烧生成的烟尘而散落在屋子的角落;当然,如果蜡烛燃烧充分,就不会冒烟,因为碳被充分燃烧掉了。

②燃烧是怎样一种现象呢?还以蜡烛燃烧为例,碳在燃烧后会出现两种情况:一是彻底燃烧了,二是燃烧后转化成

读书笔记

❶举例子
利用小匙和蜡烛做实验,观察到蜡烛燃烧后会有水雾产生。增加了文章的趣味性,引发了读者的兴趣。

❷分类别
将碳在燃烧过程中所产生的物质分为两种,使文章条理清晰,层次分明。

其他物质——我们肉眼看不见的物质。

怎样才能看到它变成别的物质了呢？我们接着做实验。实验前需要做以下准备：

1. 找两个空罐头瓶和一小截蜡烛。

2. 用一根铁丝插着这截蜡烛，以便能将蜡烛放进罐头瓶内。

3. 在一个杯子里准备一些石灰水。

现在把蜡烛点燃，小心地放进空罐头瓶里，你会发现，过不了多久，蜡烛就熄灭了。把蜡烛拿出来重新点燃，再放进空罐头瓶内，这次你会发现，蜡烛燃烧的时间更短，很快就熄灭了。

我们可以推断，空罐头瓶里一定有什么东西阻碍了蜡烛燃烧，可是罐头瓶里什么也没有啊！

接下来，我们把石灰水倒入刚刚放过燃烧的蜡烛的罐头瓶里，石灰水马上就变得非常浑浊；①如果我们把石灰水倒入另一个没有放过燃烧的蜡烛的空罐头瓶里，你会发现这个瓶子里的石灰水没有任何变化。由此可以推断，在蜡烛燃烧过的瓶子里一定出现了某种气体，是它让石灰水变浑浊的。科学家经过研究发现，燃烧会产生二氧化碳，二氧化碳与石灰水结合，会产生化学反应生成碳酸钙。碳酸钙因为不溶于水，所以才使石灰水变得浑浊。现在我们找到了蜡烛燃烧后到哪里去了的答案：它变成水蒸气和二氧化碳混入了空气中。

木柴在火炉里燃烧充分后，也会变成二氧化碳和水。但是相较于蜡烛，木柴燃烧后总有一部分碳燃烧不尽，于是就变成了炉灰；而水蒸气和二氧化碳则顺着烟囱飘到了空中。②有时我们会看到烟囱里冒的是白烟，那是水蒸气遇到低温

读书笔记

❶对比
将石灰水倒入没放过燃烧的蜡烛的空罐头瓶里，没有任何现象发生，与上面的实验结果形成了对比，使实验结果更具说服力。

❷叙述
描述了烟囱里冒出的烟的颜色，代表碳没有充分燃烧；而水蒸气遇低温时会变成小水珠。

变成了小水珠；如果看到的是黑烟，那说明有一部分碳没有充分燃烧，从烟囱里跑了出来。

水为什么不会燃烧？

在我们所认识的物质里，它们有着不同的燃点，有的稍一加热，就会燃烧；有的需要强热才会燃烧；还有一些物质则完全不会燃烧。比如水，它就是一种不会燃烧的物质。

① 为什么水不会燃烧呢？

就像燃烧过的灰烬不会燃烧一样，水居然也是燃烧后的产物，难怪它不会再次燃烧了。

是什么燃烧后产生了水呢？

答案是氢气，氢气遇氧燃烧形成了水。

氢气是一种非常轻的气体，比如我们见到的氢气球里面充的就是氢气。因为氢气燃点很低，遇到火星就会起火，所以为了安全，现在的气球一般不再充氢气，而改为不可燃的气体——氦气。

炉子里发出的呼呼声是怎么回事？

不知你有没有注意到，当炉子里的火烧得非常旺的时候，炉膛里就会发出"呼呼"的声音，这声音是怎么回事呢？

手里有一个喇叭，如果想让它发出声音，那就需要用嘴对着它往里吹气。炉子发出声音也是这个道理，是气体钻进了炉子里。

但是，是谁在向炉子里吹气呢？

当我们点燃木柴的时候，木柴在炉膛里燃烧，会产生热

---

❶ 疑问
承接上文，引出下文对问题的解释，以此引发读者的思考。

读书笔记

量，炉子里的空气也会越来越热。①热空气比冷空气要轻，所以热空气会通过烟囱跑出去，这时，就会有冷空气钻进炉子来补充这部分空气，于是，冷热空气的交换就形成了气流。

想要证明这个道理，我们可以做一个小小的实验。

找几张纸条，你拿着纸条的一端靠近火炉门，就会发现纸片的另一端会往炉子里钻。

②为什么会出现这种情况呢？

这就是气流推动纸片的缘故。热空气不停地通过烟囱跑到外面的空气中，冷空气则源源不断地通过火炉门钻进炉膛里，所以带动了纸片往火炉门里钻。答案出来了：没有人向炉子里吹气，是空气自己往火炉里钻的。

空气受热后会上升，在日常生活中，我们也很容易观察到。在阳光充足的时候，你在窗台上放一根点燃的蜡烛，观察一下火焰投射的影子，会发现火焰的影子上升腾起一股股热流，这股热流就是受热上升的热空气。燃烧的火焰为什么总是向上冒，而不是向下呢？这是因为热空气在往上升，带着火焰也向上蹿。火炉的下方都要留有炉门或进气孔，为的就是方便空气流通；如果炉子没有进气的地方，那么炉子是生不着火的。判断一个炉子是否好用，就观察它的通风是否良好，通风越好，炉子烧得越旺。如果想让炉火变小，只要把进气孔适当关闭一些，火焰自然就变小了。

我们知道，空气中包含多种气体，主要有氮气、氧气和二氧化碳，其中氧气是燃烧所需的气体。

炉子之谜

我们的身体就像一个特殊的炉子，③鼻子不仅充当了炉

❶解释说明

具体形象地说明炉子里之所以会发出声音，是因为冷热空气相遇，促进了读者的理解。

❷疑问

提出疑问，引出下文对气流的介绍。

❸打比方

将我们的身体比作炉子，生动形象地描述了身体热量的变化。

子门，也充当了烟囱的功能，它是进气出气的主通道。我们吃下的各种食物就如同木柴一样在身体里燃烧，食物经过"燃烧"转变成热量，让我们的身体保持恒温。

① 往玻璃上呼一口气，玻璃上会蒙上一层水雾，这是我们体内的水分从口中呼出来在玻璃上凝结成了小水珠。用吸管往石灰水里吹气，澄清的石灰水就会变得非常浑浊，这是我们吐出的二氧化碳与石灰水发生化学反应的结果。

水为什么可以灭火？

把点燃的蜡烛浸入水里，它马上就会熄灭。这是怎么回事呢？前面我们讲到，燃烧需要氧气，水是非燃烧物质。当火焰浸入水里的时候，水阻隔了可燃物与氧气的接触，火焰自然就熄灭了。

除此之外，如果想要扑灭火焰，还可以在火焰上盖上毛毯或撒上沙子，这样做的目的都是为了隔绝燃烧需要的氧气。

❶叙述

描述了在玻璃上呼气会出现水雾，最后凝结成小水珠的现象。说明食物在人身内"燃烧"产生了水分。

读书笔记

精华赏析

本站主要介绍了火的来源，火的发展历程。文章开篇告诉我们人类最早是什么时候开始使用火的，接着延伸出火柴的发明，并通过一个个有趣的实验，生动形象地展现了燃烧现象及木柴燃烧的过程及其原理，最后阐述了水不可以燃烧却可以灭火的原因。

延伸思考

1. 火柴点燃的原理是什么?
2. 人们为什么不用黄磷代替火柴?
3. 水为什么不能燃烧?

相关链接

氦气

氦的元素符号为 He。1908 年 7 月 10 日，荷兰物理学家昂尼斯首次液化了氦气，它是一种无色无味的不可燃气体，空气中的含量约为 5.2/1000000。其化学性质极为稳定，通常状态下不和其他化学元素或化合物发生反应。

第三站　餐桌和炉灶

名师导读

现在我们能够吃到的美食种类繁多，这些食物不仅味道鲜美，更重要的是给我们提供了足够的营养。也许有人会问，这些食物是不是在古时候就有呢？我们所用的餐具是谁发明的？下面这一站，我们就来了解这些知识。

拿厨房当实验室

❶拟人

展现了火焰燃烧时的欢快形态。

①炉膛里，火焰正在熊熊燃烧，跳跃的火焰就像舞者一样，跳着最欢快的舞蹈。炉灶边围了许多餐具，此时，蓝色的搪瓷茶壶盖子不停地跳跃着，像一个杂技演员一样表演着自己的拿手绝技；生铁做成的平底锅此时已经烧热，把肉片放进锅里，它也开始"吱吱"冒起了热气；它旁边那口铜质大炖锅内的汤也烧热了，热腾腾的汤翻滚着，洒出的汤水溅得旁边的小铁锅满身都是。

这就是我们常见的厨房，可是现在，我们不妨先把它当作一个化学实验室。这里常常会发生物理、化学变化，一种物质通过加热或是别的处理，转化成另外一种物质。还有许多没搞清楚原因的变化也在这些炖锅里、炒锅里进行着。一块很小的面团在一个瓦盆里膨胀到它原来的几倍大；一块肉在炖锅里翻滚着，几小时后，它的样子发生了巨大变化：颜色由原来的鲜红色变成了暗灰色，肉的一丝一丝纹理变得非常清晰；把一块生的马铃薯放进锅里炖上一会儿，它就会变得酥软起来。而我们的实验人员就是那个系着围裙、卷着袖子正在为一家人准备晚餐的家庭主妇。

认识马铃薯

看了这个题目，你可能会说，马铃薯不就是土豆嘛，有什么好讲的？

①那我问你一个简单的问题，你知道马铃薯的构成吗？如果你回答不上来，就请你做一下这个实验吧。

我们准备一个新鲜的马铃薯，把它切成块，再捣成泥状，放进一个瓶子里，给瓶子注入水，用纱布蒙上瓶口，过滤掉马铃薯的残渣，把水倒进一个玻璃瓶，让水沉淀。过一会儿再看玻璃杯，你会发现杯底有一层白色的东西。把水慢慢倒掉，把这层白色的沉淀物倒在一张吸水纸上，等它变干。你会发现纸上有一层白色的粉末。②这是什么呢？这是淀粉。

马铃薯含有丰富的淀粉，但为什么我们看不到呢？因为淀粉就像藏在衣柜里的衣服，隐藏在了土豆的细胞里。

为什么不能吃生的马铃薯？

想要把淀粉从马铃薯里取出来，就得先把马铃薯切碎。要生吃马铃薯获得淀粉不是好主意，因为生的马铃薯口感并

❶提出问题
　　激发读者的阅读兴趣，为下文介绍马铃薯的构成做铺垫。

❷设问
　　为了强调白色粉末是淀粉，自问自答，使得文章波澜起伏，为下文埋下了伏笔。

❶ 叙述

讲解了马铃薯在水中经过加热、煮熟后，变得酥软的原理。

❷ 叙述

介绍了马铃薯在烘制过程中会形成一种叫作糊精的物质，这也是炸烤的马铃薯表面会有一层硬皮的原因，呼应了主题。

❸ 举例子

通过做实验，最后得出结论，把所讲述的事实真相具体化。

不怎么样，所以人们不吃生的马铃薯。

①煮熟后的马铃薯就不一样了，它经过加热煮熟以后，细胞壁因高温而破裂，水就会渗进淀粉颗粒内，淀粉颗粒遇到水就会膨胀，这样，马铃薯就会变得酥软。蒸熟的马铃薯摸上去是干的，那是因为淀粉把所有水分都吸收了。

为什么炸的、烤的马铃薯有一层硬皮？

②马铃薯在烘制的时候，本身要受到比水煮更为强烈的热量，这种强热使得马铃薯表面的淀粉，转化成一种叫糊精的物质。这是因为一粒粒细小的淀粉，粘在一起形成了像胶水一样的物质，使得马铃薯的表面形成一层焦黄酥脆的皮。

生活中常见的胶水其实就是这种糊精。

为什么浆过的衣服是硬的？

浆过的衣服表面会有一层淀粉，用熨斗熨过之后，高温使淀粉变成了糊精，所以衣服的表面会形成薄薄的一层硬皮。

刚刚浆过的衣领有时会很硬，这就是新浆过的衣领常常刮到脖子的原因。

烧烤的面包表面为什么有层硬皮？

除了马铃薯含有淀粉外，面粉中也含有淀粉。像面包在烧烤后表面就会生成一层硬皮，这是不是也是因为面粉产生糊精的原因呢？想知道事实的真相，我们还是来做一个实验吧！

③先用一块布包住一块和好的面团，然后浸入水里，不停地揉搓，直到水变成白色为止。让浑水慢慢沉淀，当水澄

清之后，你会在水底看到一层白色的沉淀物，这和我们从马铃薯中提取淀粉的结果是一样的。所以，面粉里也含有淀粉，面包烤熟后外面的那一层硬皮也是淀粉起的作用。

陈面包为什么会变硬？

我们把一个面团包在布里，浸入水里不停地揉搓，直到布里剩下一些黏稠、有韧性的物质为止。面粉洗去淀粉，剩下的这团黏稠的物质就是面筋。如果面筋没了水分，就会变得又硬又脆。

陈面包之所以会变硬，是因为在面包里的水分消失后，面筋发生了变化。

为什么酵母能让面团膨胀起来？

往气球里不停地吹气，它就会越胀越大，面团为什么会膨胀，也是因为里面钻进了气体的缘故。和好的面团里面有一部分韧性非常强的面筋，它和气球一样可以拉抻很长，而让面团膨胀的气体就是我们常说的二氧化碳。

我们知道，二氧化碳是一种阻燃气体。我们做个实验，把一块面团放进一个饮料瓶中，拧紧盖子，放置一个晚上。第二天，你点燃一根火柴，打开饮料瓶盖把火柴投进去，火柴会马上熄灭。

在面团里加进酵母后，酵母会发生化学反应，产生大量的二氧化碳气泡；当这些气泡越来越多的时候，面团也跟着膨胀起来。

我们吃的面包之所以非常松软可口，就是酵母菌在其中起了关键性作用，它产生的二氧化碳是使面包变得松软的原因。

面包里的小孔是怎么回事？

上文我们已经知道，面包烘烤前要充分发酵，这样面团里才会有许多充满二氧化碳的小气泡被面筋紧紧裹住。①当面团放进烤箱烤制的时候，里面的水分就会变成水蒸气溜掉，二氧化碳受到高温，也会冲破面筋溜出去。

二氧化碳出去后，面包里就会留下那些小气泡的痕迹，当你掰开面包的时候，就能看到一个个小孔了。

面包的加工过程

前面讲了许多和面包有关的知识，下面我们再来聊一聊面包的加工过程。

女主人已经准备好了做面包的原料，她把水、酵母粉、盐、面粉倒入一个盆里，用她灵巧的双手使劲地揉搓，使粉状的淀粉被面筋牢牢黏合在一起，让原本粉末状的面粉变成一个面团。和好了面，女主人把面盆放在一个温暖的地方，让面团慢慢发酵。

在温暖的环境下，面团开始发生变化。酵母开始起作用了，不断地产生二氧化碳，每一个二氧化碳气泡都被韧性十足的面筋牢牢抓住。

随着二氧化碳的增多，面团开始逐渐地膨胀起来。等到发酵完成后，女主人把面团切成面包胚子，放入烤箱开始烘烤。在烤箱里，面团正在经历最后一次蜕变。经过加热，面包表层的淀粉变成了糊精，形成一层硬皮。内部的淀粉再一次膨胀，二氧化碳冲出面筋，让面包变得非常松软。最后，厨房里弥漫着阵阵面包的香气，面包出炉了。

---

❶动作描写

描写了面团被烤制时里面的水分和二氧化碳运动的过程，阐述了面包小孔出现的原理，紧扣题目。

啤酒产生泡沫是怎么回事？

要解释这个问题，就需要知道啤酒是什么原料制成的。啤酒是将已经发芽的大麦和小麦麦粒放进水里，再放入酵母经过发酵制成的。之所以加入酵母，是为了让啤酒发酵，产生二氧化碳，泡沫就是二氧化碳的杰作。①啤酒在密封的情况下，二氧化碳无处释放，当酒瓶打开后，酒瓶中的压力瞬间减小，让大量二氧化碳从酒中释放出来，就会形成许多的泡沫。

❶叙述

解释了啤酒产生泡沫的原因。

汤好喝，但你了解它吗？

汤里富含营养是大家公认的事，但事实真的如此吗？下面我们就来聊聊这件事。

事实上，汤里的营养成分并不比清水里的多很多，这个答案一定会让你感到惊讶吧？你把一碗汤加热烧干，看看锅底会有多少残留物质。

我们把汤拿到实验室做进一步分析。②经过研究发现，如果这是一份20勺的汤，其中一勺物质是人体需要的营养，包括脂肪、胶质、盐和一种叫"味质"的东西。"味质"实际上是肉类中含有的成分，它能让肉吃起来更鲜美，"味质"也能充分溶进汤里，让汤喝起来更加鲜美。

❷列数字

将汤里的营养成分并不多的事实具体化，为下文的叙述埋下了伏笔。

现在我们明白了，我们吃的食物里面绝大部分是水。就像一碗汤，如果把汤晒干，剩下的物质就会轻得像羽毛一样。除了汤之外，肉也含有很多水分，10份肉里就含有7份的水，蔬菜含有的水分更高。有个科学家来到社会营养学研究所，请研究所为他准备一批够一年食用的食物，他附加了一个特别要求：越轻越好。结果研究所准备了几吨肉、蔬菜和水果，然后经过脱水和压缩处理，只用几十个铁罐头盆就装下了；因为就算几吨重的食物在失去了水分后，也会变得非常轻。

人为什么要吃肉？

肉汤之所以味道鲜美，主要是肉的功劳。

我相信，除了素食主义者，大多数人都不会抗拒肉食。我们来分析一下肉的成分，肉中包含有水、味质、盐以及蛋白质；不过做好的肉汤里面几乎不含蛋白质。

当肉放入水中煮开的时候，汤的上面会漂有一层絮状物。为了让汤看起来更漂亮一些，主妇们会将这层絮状物用勺清理掉。事实上，这层被撇出去的物质正是凝结后的蛋白质。为了让汤看起来更干净，而把絮状物撇出去的做法无疑是错误的，因为蛋白质才是营养的精华所在。如果人体缺乏蛋白质，很快就会死去，因为人体所需要的主要营养物质就是蛋白质和水。

如果我们的身体长期得不到蛋白质补充，就会变得越来越虚弱，直至生命结束；但是，只靠蛋白质生命也难以维持，因为大量的蛋白质将会增加肠胃的负担，食物会难以消化。这就是大量吃肉会让我们感到不适的原因。

人类不仅需要蛋白质和水，还需要脂肪、碳水化合物，以及各种维生素，只有营养均衡，才能使我们的身体保持健康，让身体这台特殊的"机器"正常运转。

人造食品

随着生物科学的不断进步，近百年来，人类对自身越来越熟悉。在此期间，科学家们更精确地计算出了人体所需要的各种营养物质的比例。① 依靠这份营养物质比例表，人们是否可以制造出最完美的人造食物，而取代传统的食物呢？

路宁是俄罗斯的一位科学家，早在19世纪80年代，他曾经尝试着加工人造牛奶。他按照牛奶中各种物质的比例和分量，把脂肪、碳水化合物、蛋白质、盐和水混合在一起，结果味道居然和牛奶极其相似。为了检验这种人造牛奶能否替代真正的牛奶，路宁继续实验，他把人造牛奶喂给实验用的老鼠，结果老鼠都死了，而食用真正牛奶的老鼠则安然无恙。

是什么导致了老鼠的死亡呢？路宁推断，天然牛奶中一定包含了除脂肪、碳水化合物、蛋白质、盐和水之外的其他物质，而这种物质恰恰是维持生命的重要营养元素。人造牛奶正是缺少这种营养物，才导致了老鼠的死亡。科学家继续研究，但并没有在牛奶中找出其他物质，也许这种物质在牛奶中的含量很低，靠当时的科学技术还找不到它。

人造食物引起了各国的兴趣，更多的国家开始投入到人造食物的研究中。但是，人造食物替代不了天然食物，因为仅靠人造食物喂养的动物都会很快死亡。这一现象更加说明，人造食物里缺少维持生命的重要物质。

于是，科学家又联想是不是因为身体缺乏这种营养物质才促使人的死亡呢？

人们很早就知道，如果人长期不吃新鲜水果和蔬菜，会更容易患上疾病，甚至死亡。航海的水手受环境所限，常因营养缺乏而患上维生素C缺乏病。古时候的水手在船上一待就是几个月，这么长的时间里，他们只有靠腌肉和干面包维持生命，几个月吃不到水果和蔬菜；因而打败一艘船的往往不是海上的飓风和海盗，而是维生素C缺乏病。② 14世纪

❶ 疑问

吸引读者的阅读兴趣，引出下文。

读书笔记

❷ 列数字

准确地介绍了船员的死因，为下文航海家吸取教训，以及维生素的出现做铺垫。

著名的航海家、探险家葡萄牙人瓦斯科·达·伽马,就因为维生素C缺乏病差点在海上丧生,随他一起的160名船员中有100人都死于维生素C缺乏病。18世纪,英国航海家詹姆斯·库克吸取了葡萄牙人的教训,在航海时,只要船只靠岸,首先补充的物品就是新鲜水果和蔬菜,在他的船上从来不缺葱、白菜、橙子和柠檬,所以他和他的水手们三次畅游太平洋都平安回到了英国。由此看来,新鲜水果和蔬菜里存在着我们人体所需的"特殊"物质,而这种物质一直没有正式的命名,直到"维生素"这一名词的出现,对它的研究才开始更加系统。

对当时的人们来说,"维生素"是一种神秘的却对人体至关重要的物质。为了找到它,全世界的科学家曾用30多年的时间进行研究,通过几万次的试验,终于发现了它们的身影。目前,人们已经认识了多种维生素的功用:

① 维生素A可以促进骨骼生长;维生素D能防治佝偻病;维生素C可以防治维生素C缺乏病。鱼肝油之所以有益强健骨骼,让肌肉更加结实,正是因为它含有大量维生素D的缘故;儿童喝牛奶可以促进生长发育,是因为它含有大量维生素A;新鲜水果,特别是苹果和橙子含有大量维生素C,所以它能让我们不受维生素C缺乏病的侵扰。

现在,人们更加注重维生素的平衡了,为了了解什么食物富含什么维生素,有人做了一张表格,上面清楚地列着各种食物的营养元素。通过这张表,我们知道卷心菜中的维生素含量大大高于莴苣。知道了这些知识,就能让我们更加平衡地进食,摄入营养。现在,人们也掌握了人工维生素的加工技术,比如我们进食500千克鱼肝油才能获取的维生素D,现在只需要1克维生素D片就能获得。加热蔬菜,里面

❶ 分类别
介绍了不同的维生素对人体的作用,表现了维生素对人类生命的重要性。

的维生素 C 很容易被破坏，科学家研制出人造维生素 C，这样就能让缺乏维生素 C 的人群迅速补充这种微量元素。现在，我们可以方便地在食品包装袋上看到这种食物所包含的各种营养物质的含量，这在 100 年前是不可能做到的。

装进瓶子里的美食

如果要选一种世界上营养最均衡的食物，那一定是哺育下一代的乳汁。

这种白色的液体里面包含了促进我们身体各个器官生长发育的营养，如肌肉、骨骼，甚至毛发和指甲。乳汁可以让一只瘦弱无力的幼狮变成凶猛的巨兽，就连海洋里最大的动物——蓝鲸，小时候也离不开母乳的滋养。

乳汁里富含幼仔所需的一切营养物质，如水、脂肪、糖、蛋白质、维生素和微量元素。乳汁的表层是脂肪层，脂肪比水的重量轻许多，所以它会浮起来结成一层乳脂。乳脂提取出来经过充分搅拌，就能得到奶油。这是由于乳脂在充分搅拌后，脂肪与水分脱离的结果。

酸牛奶是怎么回事？

①如果牛奶放上几天，味道就会变酸。

实际上，还有一种更快使牛奶变酸的方法。在牛奶中有一种叫凝乳的物质，被称作牛奶蛋白，或酪蛋白，可以像糖一样溶于水中。如果想把牛奶中的酪蛋白分离出来，只需往牛奶中加酸性物质，比如在牛奶中滴一些醋，凝乳就能分离出来。

现在回到牛奶为什么会变酸的问题上，使牛奶变酸的罪魁祸首其实是细菌。前面我们提到过，做面包前要放酵母使面团发酵，酵母中含有大量的酵母菌，就是它在面团中起了

❶总领全文
开门见山，点明主题，概括了本文对牛奶变酸的解释，从而引出下文，激发了读者的阅读兴趣。

读书笔记

作用。当空气中的酵母菌落在牛奶中后，它就会把牛奶中的乳糖变成乳酸，这样，牛奶就会变酸了。

那么，怎样才能让牛奶不会变酸呢？那只有杀死牛奶里的真菌，把牛奶煮沸是杀死真菌最好的办法。不过在煮牛奶时，你会发现牛奶里有结块的现象，这是因为在煮牛奶之前，细菌就将牛奶里的乳糖变成乳酸了。

干乳酪是怎么制成的？

❶ 干乳酪是一种能长时间保存的食物，从前的人们在还没有学会长期保存牛奶时，干乳酪就成了一种很好的奶制品。干乳酪是怎么制成的呢？把凝乳放在阴凉的地窖里，乳酸菌会在凝乳里继续工作，直到凝乳变成干乳酪。

干乳酪里也有许多小孔，它的原理和面包里的小孔一样，都是二氧化碳作用的结果。

为什么干乳酪能保存很长时间？

在瑞士，至今仍保留着一个古老的传统，那就是在孩子出生的时候，家人要给孩子做一块大大的干乳酪，上面刻上孩子的姓名和出生日期。这块干乳酪将陪伴这个孩子一生。这个孩子从小到大，每逢生日的时候，就会切一块下来放到餐桌上，直到他死去，剩下的干乳酪也将陪他放进棺材中。当然，也有人会把剩下的干乳酪当作纪念而留给后人。

可见，干乳酪能保存很长时间。❷ 有报道称，瑞士曾有过一块保存了120年之久的干乳酪，是从曾爷爷那辈保留下来的，当后世的子孙品尝时，味道仍非常可口。

干乳酪的表面有一层神奇的表皮，就像一层高密度的膜，阻隔了细菌的侵害，所以才能使干乳酪长期保存。

---

❶ 疑问

在人们没有办法长期保存牛奶时，干奶酪出现了，它是如何制成的呢？引出了下文。

❷ 叙述

说明干乳酪能够保存很久，而且味道可口。

干乳酪里的小孔是怎么回事？

当你把一块干乳酪切开的时候，会发现里面有很多大小不一的孔洞，有的是单独的，有的是相连的。这是怎么回事呢？

①原来，凝乳在地窖里发酵的时候，内部会产生大量二氧化碳，当凝乳逐渐失去水分变干乳酪时，二氧化碳也趁机溜了出去，只留下一个个孔洞在干乳酪里。

❶拟人

解释了干乳酪里面为何会有一个个小孔的原因。

古时候的人吃什么？

远古时期，人类还没掌握耕种技术时，主要靠狩猎为生，原始人把能捕捉到的动物全用来做了食物。很久以前，地球某个地方还有一个食人部落，他们在与敌人交战的时候，会大声喊叫："肉啊，肉啊！"敌人一听，就闻风丧胆。

据一个最早移居到北美洲的欧洲人的说法，印第安人第一次见到白种人收获庄稼时十分吃惊。一个部落的酋长对部族的人说："白种人比我们厉害，我们只会狩猎，不会耕种，而他们却懂得种植谷物。我们捕猎非常辛苦，而且猎物都要几年才能长成。谷物不一样，只需把种子播撒在地里，一把种子几个月就能长出许多的粮食来。我们的猎物长着四条腿，我们却只有两条腿，捕到它们需要花很大力气。冬天，我们在寒冷的户外捕猎，白种人却能待在温暖的房子里尽情享用食物。所以，我们处于劣势，白种人会在冬天来临前打败我们。"

读书笔记

注释

闻风丧胆：听到风声就吓得丧失了勇气，形容对某种力量非常恐惧；丧胆：吓破了胆。

人类是怎么发现谷物，并学会播种的？这已经无从考证了，不过考古学家曾在古埃及的金字塔里发现了舂（一种去除谷物外皮的工具）谷粒的绘画。

远古时期的面包与我们现在食用的面包大相径庭，原始人把简单磨碎后的谷粒加水搅拌后做成面糊，待面糊干透后，就成了当时人们食用的面包。后来人们发现面糊会出现变酸的情况，但这么一来，面糊就变得非常松软。如果把一部分变酸的面糊和新搅的面糊放在一起搅拌，就能使面包同样变得松软起来。这种变酸的面糊实际上就是酵母。

① 面糊为什么会变酸？这是因为空气中的酵母菌和乳酸菌进入了面糊里。别看空气看不到、摸不着，实际上，空气里含有大量细菌，其中就包括酵母菌和乳酸菌。

❶ 设问
解释了面糊变酸的问题。

过了很长时间，人们才学会耕种农作物；又用了很长时间，人们才学会加工面包。而我们现在能吃到的这种美味的面包也不过才诞生200多年，就连现在很普通的马铃薯，在几百年前的欧洲也是奢侈品，不是一般家庭能吃得到的。

马铃薯在欧洲种植的时间不长，它的原产地在南美洲，直到16世纪才和别的物种一起传入欧洲。最开始时，马铃薯甚至不是食物，而是种植在花盆里供观赏的珍稀植物。直到18世纪末，欧洲的马铃薯还十分稀少，甚至法国王后的胸针上还设计有马铃薯的花。现在我们寻常家庭能经常食用的马铃薯，在当时也仅有王室才能享用。

今天，马铃薯已经在世界各地扎下了根，成为人们餐桌上一种很常见的蔬菜。

读书笔记

咖啡和茶

①咖啡和茶是我们日常生活常见的饮品，但在17世纪，一位叫肯普夫的旅行家，在莫斯科所写的见闻中这样描写："人们吃饭时配以啤酒和白酒，饭后会来一杯蜂蜜水。"可见，那个时候，咖啡和茶还不是餐桌上的饮品。

1610年，一位芬兰商人从遥远的爪哇国（东南亚古国，在今印度尼西亚爪哇岛一带）第一次将茶叶带到欧洲。茶商吹嘘茶叶是一种健康的饮品，多喝对人体有益，于是茶开始在欧洲逐渐流行开来。当时一位荷兰医生视茶为神物，不管人们得了什么病，都会把茶当作药材来给病人饮用。茶是茶树的叶子，根本不能作为药来治病，浓茶甚至不利于健康。那个时候，欧洲还没有种植茶叶，茶的消费完全依赖进口，所以当时茶的价格十分昂贵，只有富人才会喝茶。

②咖啡在欧洲比茶出现的时间更晚，是商人从土耳其和埃及把它传入欧洲的。

咖啡来自咖啡的种子，它有驱散疲劳和强健脾胃的功效，在酒馆里，它被作为饮料提供给客户。后来，咖啡又出现在法国的宫廷宴会上，因此，咖啡在贵族、商人和医生中开始流行起来。与此同时，法国街头出现第一批咖啡馆，一时间喝咖啡风靡法国。人们流连于咖啡馆，有的人一坐就是一天。当时，对喝咖啡也有反对的声音，一些天主教徒认为喝咖啡是不虔诚的行为；还有一些人认为咖啡会对健康造成损害，有一位公主甚至称咖啡是"加了水的烟灰"，她从不喝这种饮料。

我们可以查到1665年萨姆尔·柯林斯大夫给沙皇阿列克谢·米哈伊洛维奇开过的一张药方，上面写道：

❶直接引用
说明那个时代并没有出现咖啡饮品，为下文埋下了伏笔。

❷背景介绍
介绍了咖啡出现的时间，为下文咖啡在欧洲的风靡做铺垫。

读书笔记

咖啡是土耳其人和波斯人饭后喝的一种饮料；而茶叶则有治疗伤风和头痛的功效。

在提到咖啡和茶的同时，我们顺便提一下同样有着苦味的巧克力。当时巧克力也刚刚出现不久，它同样引起了人们的误解。有人认为巧克力会点燃血液，它只适合用来做猪饲料。

① 巧克力最早出现在墨西哥，是当地人用可可、谷物和胡椒混合在一起制成的块状物，这种原始的巧克力甚至不加糖。旅行家荷南·科尔蒂斯把这种巧克力带到欧洲，让欧洲人第一次认识了这种神奇的零食。现在我们吃到的巧克力味道非常好，那是因为里面加进了糖和香味剂，可可豆也磨得非常细，所以口感比当时的巧克力好多了。

② 茶、咖啡、巧克力是否真的有损健康呢？
茶和咖啡中确实有着特殊的物质，并且含有对神经有害的物质，所以要适量饮用；巧克力则含有丰富的脂肪和蛋白质，还有一定的抗氧化剂，对人的心脏有保护作用。但人体需要的营养都是有定量的，所以巧克力也不能过量食用。

从前的人用什么进食、怎么吃？

在很久以前，王公贵族的餐桌上从来不缺贵重的金银器皿，而且做得也很精致；但是缺少一样我们现在进餐时最常用的餐具——餐叉。

③ 当时，人们完全凭两只手进餐，也就是从精美的盘子里抓起东西送到嘴里。一张餐桌上还做不到人手一把刀子，所以还要时不时向邻近的人借刀子来用。为了省事，有的贵族甚至

---

❶叙述

介绍了巧克力进入欧洲时的历程，以及巧克力最早出现的地点，引出后文对巧克力的介绍。

❷疑问

引出下文关于巧克力对人体好处的介绍。

❸叙述

介绍了当时人们徒手进餐，互借刀子，为下文餐叉的出现做出铺垫。

做了专门替代碟子的大片面包，吃饭时，用它来盛饭菜。他们把面包上的东西吃干净后，再把这块面包片扔给狗吃。

直到300年前，宫廷才出现了碟子和餐叉。

时间回到14—15世纪，看看那时的武士是怎么用餐的吧。

在铺有石头台阶的大厅里，四周点着火炬，宽敞的大厅早早地就关上了百叶窗。虽然这时天还没有完全黑，但是正值冬天，这么做是为了不让屋里的热气流失。要知道，这时的窗户上还没有保温的玻璃。

现在大厅成了餐厅，却不见一张桌子，因为只有开饭的时候才会把桌子搭起来。这时，几个统一着装的用人出现了，他们麻利地支好桌子。接着，用人们又把绣有鹿、狗和吹着号角的猎人图案的桌布铺在桌面上，并依次摆好盐瓶、盛着面包的碟子和几把刀子。

老爷们有说有笑地步入大厅，他们是城堡的主人、城主的儿子以及城主请来的贵宾们。①成年男人们都留着大胡子，每个人都身材魁梧，冷风吹得他们脸上泛着红晕。主人的爱犬也跟了进来，这些狗都是非常凶猛的猎犬，高大威猛。太太是最后一个进来的，因为她刚才正在忙着给用人安排一些家务。

待大家坐定，用人把一大盘熏熊肉端上了桌，香喷喷的熏肉上撒着薄薄一层胡椒粉，香味诱人。用人把熏肉切成小块，分到众人面前的碟子里。大家刚刚打了一天猎，全都饿坏了，很快一只熊腿就被吃光了。随后用人又端来炖野猪肋排、烤全鹿、天鹅肉和几种鱼，没多久，每个人面前就堆满了骨头和鱼刺。桌子下趴着的两条猎犬也没闲着，它们在尽情享用主人丢给它们的骨头。

像这样的晚餐通常用时很长，每个人都吃到酒足饭饱才

❶外貌描写
表现了当时天气的寒冷。

❶动作描写

描写了喝醉的客人的状态，狗进食时的样子，表现了晚餐的丰盛，和人们心满意足的情形。

停下来。① 接着，用人们又端来了各种馅饼、水果、坚果，除此之外，他们在进餐过程中还喝了一桶葡萄酒和几壶蜂蜜水。喝醉的客人在地上打滚儿，放肆地大喊大叫。有时，狗也会跟着发出几声嘹亮的狂吠。

英国第一个使用叉子的人

英国人使用叉子较晚，1608年，一个叫托马斯·科里阿特的英国人去意大利旅行时，第一次把叉子带到了英国。他在意大利旅行时，把所见所闻写成了游记。游记对威尼斯豪华气派的宫殿进行了详细描述，古罗马时期建造的宏伟神殿和壮美的维苏威火山都给他留下深刻的印象。给他留下深刻印象的还有一把小小的叉子，那是意大利人进餐时所用的餐具。他在游记中写道：

❷引用

引用托马斯·科里阿特在意大利见到人们用叉子进食的记载，为后面叉子传入英国做铺垫。

② 意大利人从来不用手抓取食物，而是用一把叉子将食物送入口中。叉子由铁或钢制成，贵族所用的叉子则是银做的。这比用手直接抓取食物要卫生。

回国时，托马斯·科里阿特就将一把叉子带到了英国。当然，那时的餐叉和我们现在所用的餐叉还是有区别的，那时的餐叉只有两个齿，而且柄也很短，像极了现在的音叉（"Y"形的钢质或铝合金发声器）。

回到英国，科里阿特还特意在亲友们面前展示了一番。在那次宴会上，他右手拿起叉子，学意大利人那样进餐。毫无疑问，他的举动引起了亲友们的极大兴趣，大家不约而同停下来，目不转睛地看着他。他得意地介绍说，这是意大利人用的餐具。人们纷纷相互传看这把神奇的叉子，赞叹意大利人非凡的创造力。看过之后，大家又纷纷表示不解，为什么放着方便的进食方式不用，而要用这么一件多余的东西呢？

科里阿特解释说，用手吃饭不卫生，用叉子就不用担心卫生问题。这句话让在座的人非常不快，他们说，吃饭前谁都知道把手洗干净；再说，两个齿的叉子怎么能比双手灵活？大家一口咬定这东西是多余的，并让科里阿特演示这把叉子到底妙在哪里。于是科里阿特就用叉子叉起一块肉，快送到嘴边的时候，肉从叉子上掉了下来，这滑稽的一幕立刻引起了哄堂大笑。大家取笑他愚笨，拿了这么笨拙的餐具来吃饭。可怜的旅行家只好讪讪地收起叉子，又和大家一起用手抓饭来吃。

50年之后，英国人才开始接受叉子，并且广泛使用。

有人说，叉子在欧洲的流行还要归功当时人们的穿着。当时欧洲人喜欢穿一种带花边领子的衣服，这种衣服虽然好看，但在吃饭的时候却成了累赘，宽大的领子罩住人的下巴，吃饭的时候一不小心就会把衣领弄脏。叉子就是在这种背景下推广开的。不过，这个说法是不是真的，也没有确凿的证据，因为叉子出现的年月，人们已经很注重个人卫生了。大家经常洗澡和换洗衣服，很少有人长时间穿一件衬衣。

叉子出现后，碟子和餐巾也应运而生。18世纪末，叉子、碟子和餐巾出现在俄罗斯。奥地利旅行家迈耶尔堡曾在他的一篇游记中写道：

餐桌前的每个客人手里都有勺子和面包，但是只有尊贵的客人面前才有刀叉、碟子和餐巾。

筷子是什么时候出现的?

据统计,世界上的进食工具有三种,欧洲和北美地区的人一日三餐都离不开刀、叉和汤匙;而在东亚地区的中国、日本和韩国,一日三餐用的却是筷子;非洲和印度等地还保留着用手抓食的习惯。

筷子无疑是中国人发明的,这种工具已经有3000多年的历史。在欧洲人看来,筷子是一件神奇的进餐工具,虽然它只是两根简简单单的细木棍,但它却能完成夹、挑、拌等多种动作。发明筷子的人是令人尊敬的,可遗憾的是,在中国流传下来的各种古籍中都找不到任何关于筷子起源的记载,唯一能找到的只是关于它的传说。[①]"姜子牙与筷子""妲己与筷子""大禹与筷子"是三个关于筷子的古老传说。其实筷子应该是跟着熟食的出现而出现的,它最早的功能应该是为了解决熟食烫手的难题。在远古时期,原始人在做好饭之后,会就地取材,从树上折两根树枝来捞取食物,一来二去,就演变成了后来的筷子。这也充分说明,任何工具的出现都是与劳动紧密相连的,是人类文明发展过程中的一个必然规律。

读书笔记

❶间接引用
为了能够追溯筷子的起源,作者引用三个古老的传说,说明中国的筷子历史非常久远。

精华赏析

本站主要介绍了美食的来历、制作过程以及人们是通过什么方法来享用美食的,等等,让我们知道了厨房里的各种食材在不断地发生着化学变化和物理变化,熊熊的火焰造就了餐桌上的美食。我们认识了马铃薯,明白了炸马铃薯表面的那一层皮是如何产生的;《面包的加工过程》让我们了解了面包里的小孔是如何产生的，面包是如何膨胀起来的;接着我们了解了啤酒的泡沫产生原因，酸奶、干奶酪的制作过程，咖啡和茶的流行。筷子的发明让我们感悟了古代劳动人民的智慧，叉子在欧洲的流行则让我们了解了不同国家的餐桌文化。

延伸思考

1. 人们为什么不能够生吃马铃薯?
2. 维生素C缺乏病是由于什么原因导致的?
3. 叉子最早出现在哪个国家?

相关链接

维生素A

维生素A化学名叫视黄醇，1913年被美国台维斯等四名科学家发现，是最早被发现的维生素。它分为两种：一种是胡萝卜素，可在人体内转可变成的维生素A；另一种是最原始的维生素A。维生素A是醇类物质，熔点64℃，是视觉细胞的组成成分，如果缺乏维生素A会导致皮肤干燥、夜盲症等。

第四站　厨　房

名师导读

厨房里有各式各样的炊具，它们由各种不同的原料制成，常见的有铁质的、铝质的、玻璃的和陶瓷的。不知你注意到没有，铁制品用久了会生锈，铝制品用过一段时间后也不如新的有光泽。事实上，一切事物都会在不经意间悄悄发生着变化，这些变化有些对人体有益，有些对人体有害。下面我们就来认识这些变化。

不同的七样东西

如果你还想对家里的事物有更深入的了解，那就跟着我对家里的物品继续深入地探索吧。就像旅行家要做旅行笔记一样，我们也可以把所学的知识记录下来。

① 在厨房的锅架上，你能看到七样东西。它们是两口铜锅、一个糖罐、一个用马口铁（电镀锡薄钢板的俗称）制作的茶壶、一个瓦罐、一口小饭锅和一口大白炖锅。你相信这些物品身上各有一个谜吗？

它们身上都有一个谜？没错，常见的物品身上都有谜。

❶叙述
介绍了厨房锅架上的七样东西，为解开它们身上的谜团埋下了伏笔。

先看这两口铜制的炖锅，虽然它们都是用铜做的，但是为什么一个颜色发红、一个颜色发黄呢？还有它们的内壁为什么都是白色的呢？

我再问你一个问题：这两口锅底和锅壁厚度都相同的炖锅，你认为哪一个更重？① 在你的印象中，个头大的锅一定比个头小的锅更重，但是个头比铜炖锅大得多的大白炖锅却轻许多；因为大白炖锅是用铝做成的，而铝的密度比铜的密度小很多。

瓦罐看上去没有金属做成的炖锅光洁，瓦罐的表面凹凸不平，看上去非常粗糙。但你一定想不到，瓦罐和炖锅还是近亲呢，为什么会这样讲呢？

再来看看茶壶和糖罐，它们都是用一种原料——马口铁皮制成的，马口铁是什么材料？它和普通的铁有什么区别？

最后再来看看个头最小的小饭锅。也许你认为它是铁做的，是不容易打碎的。可事实上制作小饭锅的材料是生铁，它是一种特殊的铁制品，用锤子用力敲打，它会像玻璃一样破碎。

现在你知道我为什么说锅架上的七样东西都有一个谜了吧。

不同的物品要用不同的材料制作

② 我们在锅架上看到的七样物品是用不同的原料加工而成的，为什么要用不同的材料来加工不同的物品，而不能用

❶对比

将体积不同的锅进行比较，由于密度不同，体积大的不一定比体积小的重。

❷反问

设置问题引起读者深思，并引出下文对此问题的阐述。

注释

马口铁：又名镀锡铁，指两面镀有商业纯锡的冷轧低碳薄钢板或钢带，是电镀锡薄钢板的俗称。

同一种材料加工成所有的物品？

因为不同的材料有不同的属性，人们根据这些材料的不同特性，加工成人们所需要的物品。比如说，有些东西耐腐蚀，但导热性却很差，所以在用来加工一些日常用品时，就要充分考虑到这种材料的优缺点，利用它的优点，避开它的缺点。在加工一件物品时，要考虑它将来用在什么地方，比如要长时间放在火炉上的炖锅，就需要用不容易熔化的铁、铜、铝等金属来加工；相反，如果用容易点燃的木头去做一口炖锅，那就会招来麻烦。

比如小饭锅要用生铁或铜制作，茶壶要用不易破碎的铜和马口铁制作。但要制作拨火棍，就不能用生铁和马口铁，因为马口铁太软，而生铁又易碎。

① 这就是我们在加工一件物品时，要充分考虑它的用途而选择材料的原因。

最坚固又最不坚固的材料是什么？

看到这个问题，大家一定会很奇怪，认为这是一个悖论，但生活中确实有这种材料。我相信你们一定认为铁是非常坚固的材料，因为制造火车和桥梁都离不开铁。可是铁这种坚固的金属也有缺点，比如能承受一辆火车的桥梁，却很难抵御潮湿环境的影响，只要空气潮湿，它就会生锈。铁制品在潮湿的环境中用不了多久，就不再坚固了。

因为铁很容易生锈，所以很少看到古代遗留下来的铁制品。我们能看到古埃及时期法老佩戴过的金饰，却看不到一把普通百姓使用的镰刀。如果用铁建造一个建筑物，几百年后，它就会消失，因为它将变成一堆铁锈。

锈为什么能摧毁坚固的铁？锈是怎么产生的呢？怎么才

❶ 总结全文

总结了需要用不同材料加工成不同物品的原因，照应了文章开头，再一次强调了文章的主题。

能阻止铁生锈呢?

铁为什么会生锈?

如果一把普通的铁制刀具冲洗过后不及时擦干,放在一边,过几天会发生什么?家庭主妇们会告诉你答案——刀会生锈。

有一次,几个潜水员在海底发现了一艘150年前的沉船。① 他们在船的甲板上找到几枚残存的炮弹,这些炮弹都是铁制的,如今已经被铁锈侵蚀得不成样子,潜水员甚至可以用刀轻易切开它们。

② 怎样才能阻止铁生锈呢?最好的办法是把它放在干燥的地方,避免接触到水分;可在生活中这是非常不切实际的,因为生活中的铁制品永远做不到不和水接触,如茶壶、水桶以及铁皮屋顶,谁会有时间常常拿毛巾擦干它们呢?

不仅雨水会带来水分,空气中也存在一部分水蒸气,这是造成铁生锈的主要原因。空气中的水分是从哪里来的呢?因为生活离不开水,如擦洗地板、洗衣服、浇花等都需要用水。自然环境中像河、湖、海都充满了大量的水,这些水蒸发后都跑到了空气里。

❶叙述
描述了潜水员找到沉船时,铁被腐蚀的样子,为下文阻止铁生锈埋下了伏笔。

❷设问
解答了如何阻止铁生锈的问题。

怎么避免铁制品生锈?

后来,人们研究出一种防止铁生锈的方法——在铁上覆盖一层防锈的物质,让铁和空气隔离开。将铁和空气隔离开的最好物质是油,比如在铁上涂一层葵花籽油就能防止生锈。油漆发明后,油漆就成为最好的防锈剂。③ 油漆是颜料和干性油的混合物。那什么是干性油呢?干性油就是熬过的油,它比普通油脂更能快速干燥凝固。因为它的存在,才

❸设问
表现了油漆对于阻止铁生锈的作用。

让油漆在刷过不久后就能凝固。油漆比一般的植物油脂更能保护铁避免生锈，而且更持久。人们将铁制品刷上油漆，好防止它生锈。但是还有个问题：油漆怕强热，遇到过热的情况，油漆就会脱落。怎么解决这个难题呢？

这个问题催生了马口铁的出现，马口铁能将铁锈减到最低。马口铁是什么材料做成的呢？我们吃巧克力的时候，会看到巧克力外层包裹着一层锡箔纸，之所以用锡箔纸包装巧克力，为的是让巧克力保持干燥，避免与空气接触而坏掉。同样的道理，在铁皮的外层镀一层锡，就变成了马口铁。这种银白色的铁皮常用来制作罐头盒、茶壶和各种餐具。

①实际上，马口铁外表的锡，不仅是为了隔绝水分，更重要的是为了防酸进而防止铁生锈。相对于空气中的水分，酸对铁的腐蚀性更为严重。用一把普通的铁刀切开柠檬，如果不及时洗净擦干的话，它会很快生锈，这是因为柠檬酸在铁上发生了化学反应的缘故。锡只有遇到强酸，才会腐蚀。你会发现，用来装酸性水果的马口铁盒切口的位置很容易生锈。

小物件可以用镀锡的铁皮加工，像房顶那样大面积需要使用铁皮时，就要用成本较低且同样具有防锈能力的镀锌铁皮了。

为什么镀锌铁皮不用来加工餐具和罐头盒呢？②因为锌很怕酸，这一点，它比不上锡。就连微弱的酸也能把锌腐蚀掉。我们的食物中往往含有弱酸，比如苹果里含有果酸，如果它和锌接触，就会产生毒性很强的锌盐，这种物质对人体非常有害，所以镀锌的铁皮不能与食物接触。镀锌的铁皮可以用来做成脸盆和浴盆，不过这类物品也要好好护理，否则也会产生锈斑。

❶叙述
表现了马口铁比油漆能更好地保护铁。

❷对比
表现了镀锌铁皮用途也有局限性。

铁从哪里来？

铁器完全是用铁做成的吗？如果你回答"是"，那就错了。

实际上，我们日常生活中看到的铁制品，比如常见的刀、叉、钉子、合页，等等，其实它们的材质并不完全是铁。① 这类金属品的主要成分是铁，但为了让它们具有其他特性，还需要加入别的物质，比如为了增加它们的强度，就要加入碳和其他原料。

❶ 叙述
　　为下文对纯铁的介绍做铺垫。

有没有不添加别的物质的铁呢？有，那就是纯铁。纯铁的价值很高，就算加工一根小小的拨火棍也很贵。和我们见到的铁不一样，纯铁相对柔软，所以纯铁做成的拨火棍还没伸进炉膛里，就已经弯曲了。同样的道理，纯铁太软了，做成的钉子和刀子也失去了作用，既钉不了木头，也切不了东西。因为纯铁很软，所以拉伸性就很强，用纯铁拉成的薄"铁纸"，能比卷烟用的纸还轻还薄。我们日常见到的铁里都含有碳，加了碳的铁，硬度才会加强。

② 讲到这里，你一定很好奇碳是怎么加进铁里的。

❷ 承上启下
　　承接上文，碳让铁的硬度加强；启出下文，介绍碳的来源。

人们从矿区采得铁矿石，再从铁矿石里提炼出铁来。实际上在炼铁的时候，工人就将碳和铁矿石混合在一起放进熔炉里了。矿石里含有铁和氧的混合物，碳在受热后会消耗熔炉中的氧，这样，铁就从铁矿石中分离出来，熔化成铁水流到炉子底部。熔化的铁水温度很高，碳和铁水融为一体，就像我们用热水溶化白糖一样。这样提炼出来的铁，叫作生铁。

生铁要比钢和熟铁含有更多的碳，如果想得到钢和熟铁，就要继续给铁水加热，并吹入空气，使碳燃烧，让碳含量降到合适的比例。

为什么生铁不像熟铁,熟铁不像钢?

碳在铁中的含量决定了铁的性质。

把用熟铁做的拨火棍、钢做的刀片和生铁做的小饭锅放在一起观察,如果仅从外表来看,你会觉得它们完全是用不同材质做成的东西。

熟铁做的拨火棍看起来非常粗糙,表面上覆盖着一层厚厚的褐色的氧化铁表皮。①用力将它掰弯,它能保持弯曲的样子不再变直。而且无论你怎么折腾它,哪怕任意地敲打和弯曲它,它也不容易损坏。

❶动作描写
拨火棍无论如何折腾都不会损坏,证明它极具韧性。

钢做的小刀,有着光洁的外表,看起来最漂亮。它的刀刃可以磨得非常锋利,而且不易变形。比如一根钢丝,你把它弯曲后松开,它能恢复成原来的样子,可见它有很好的弹性。但如果把粗钢丝弯曲得太厉害,它有可能会被折断。钢适合做成形状稳定的物品,因为质地坚硬,很适合做刀具,但做成拨火棍就不合适了。

❷比喻
形象地说明生铁碳含量高,非常脆。

②生铁做成的小饭锅,已经变得黢黑。因为生铁中含有大量的碳,所以它很脆,就像陶瓷一样,用一把锤子用力一敲,就能让它碎成几片。生铁既不适合做翻动柴火的拨火棍,也不适合做质地坚硬的菜刀,却适合用来做成在火上反复灼烧的饭锅。

这三种铁制品的加工方式大不相同。

把一块熟铁反复烧红锻打,就能做成拨火棍。熟铁烧红后有很好的韧性,能锻打成我们需要的任何形状。钢制小刀也需要由熟铁反复锻打,不同的是,锻打出需要的形状后还需要淬火。所谓淬火,就是将熟铁烧得通红,再放进水里冷却,熟铁淬火后会变成质地坚硬的钢。

生铁不能像熟铁那样加工，因为生铁遇到强热，会化成铁水。熟铁和钢在熔化之前会先变软，人们就是将变软的熟铁和钢锻打、冲压成所需要的形状。生铁制品都是铁水浇铸成的，比如把铁水浇进沙土做成的锅形模子里，待铁水凝固后，就得到一口生铁锅。

同样是铁，性质却千差万别，这都是因为它们的碳含量不同造成的。

有一个办法能让你轻易判断出铁制品里碳含量的多少。用一个电动砂轮打磨一把刀，这时砂轮上就会飞溅起大量的火花。如果火花四溅，像树枝一样四处展开，说明钢里碳含量多；火花少，则碳含量少。如果把一把熟铁制成的小刀放在砂轮上打磨，则冒出的火花会成一条线。

看，用一个简单的方法就能确定某个东西的性质。

生病的纽扣

前面我们已经了解到，铁皮上镀一层锡是用来防锈的。可是锡自己也会"生病"，虽然这种情况不多见，但一旦出现一个"病患"，这种"病"就会四处传染，附近镀锡的制品都会遭殃，是不是和我们人类的传染病很像呢？

19世纪50年代，在彼得格勒（现为圣彼得堡）发生过一件怪事：一个仓库里存放的纽扣在几天时间里得了一种怪病，先是一小部分纽扣上出现斑点，没过几天，所有的纽扣上都出现了斑点，而且斑点的面积越来越大。当人们发现这个奇怪的现象时，纽扣已经"病入膏肓"。又过了不久，所

注释

病入膏肓：病情特别严重，无法医治，也比喻事态严重到不可挽回的地步。

有的纽扣都散了架,变成了灰色的粉末。

这一怪事引起了人们的恐慌,后来科学家经过长时间的研究才找出纽扣"患病"的原因。原来,这些纽扣是用锡做的,锡分为白锡和灰锡,就像碳有普通碳、石墨、金刚石和钻石等多种形态一样。①白锡和灰锡可以相互转变,光洁的白锡只要沾上一点灰锡的颗粒,在温度低于20℃的环境下,就会转变成灰锡,灰锡颗粒就是这次纽扣集体"患病"的传染源。当时彼得格勒气温较低,仓库里也没有供暖,恰好一点灰锡颗粒落在白锡纽扣的表面上,就这样,一传十、十传百,整个仓库的纽扣全都变成了灰锡。

❶叙述

介绍了在低温条件下,光洁的白锡沾上一点灰锡就会变成灰锡,找出了纽扣"患病"的真正原因。

红色的铜和黄色的铜

前面我们了解了许多铁和锡制品的特性,下面我们再来认识一下灶台上的两口铜锅。

很多铜炖锅看起来颜色发红,所以我们称这种材料是红铜,红铜其实就是纯铜。②而另一口黄铜炖锅的材料实际上是铜和锌的合金。黄铜里至少有一半是铜,但铜含量不会超过2/3。想知道黄铜里锌含量的多少,只需看它的颜色就能得出结论:锌含量越多,黄铜颜色越浅。假如黄铜里有超过一半的锌,就不能称之为黄铜了,因为它已经变成了银白色。

❷列数字

具体准确地说明了黄铜内的铜含量,说明在不同的铜中,锌的含量不同,铜的种类也不同。

铜质的炖锅洗干净后要记得立即擦干,不然它的表面很快就会出现一层褐色或绿色的物质,这是一层铜锈。铜和铁生锈虽然都是因为接触到了水,但两者却有很大的区别:铁生锈之后,会继续向里层渗透;而铜锈只出现在铜的表面,不会向深层继续腐蚀,而且铜锈还会像油漆一样，起到保护内层的铜不被氧化的作用。因此，我们看到年代久远的一些青铜像，它的外表会有一层绿色的铜锈。正是因为这层铜锈的缘故，这些成百上千年的古代铜质文物才能保存至今。

铜的外表也会因为氧化而变得暗淡无光，如果想让铜币光亮如新，方法也很简单，只要把铜币放进氨水里浸泡片刻，铜币上的氧化物就会被溶解掉，这时的铜币就焕然一新了；而氨水也因为铜氧化物的溶解而变成了漂亮的蓝色。

黄铜因为加入了锌，所以比纯铜的氧化速度要慢许多。

我们接着看铜炖锅的内部，它既不是红色的，也不是黄色的，而是白色的，这是因为锅的内壁镀了一层锡的缘故。有了这层锡的保护，就能使铜避免受到食物中酸和盐的腐蚀，因为如果酸和盐与铜接触，就会生成毒性很强的铜盐。所以，这层锡保护了我们不受铜盐的危害。

读书笔记

黏土能做成什么？

找一找你家里用黏土做成的东西有哪些吧，你会发现家里许多形态各异的瓶瓶罐罐居然都是由它做成的。也许你想象不到，在田野里随处可见的泥巴居然有这么大的功用呢。

黏土不仅能做成我们厨房中使用的罐、瓶、碟、盘等容器，而且建造房子的砖、水泥和涂料也离不开黏土。不过需要注意的是，所有黏土里都含有铝。

我们接下来再深入了解一下铝这种金属。

铝是最早在科学领域引起科学家兴趣的金属，后来，这种相对较轻的金属被做成各式各样的用品走进了人们的生活。[1] 厨房常见的锅就是铝锅，比起铁锅，它重量轻，不会生锈，而且还耐酸。这些优点让它一出现就受到了主妇们的

❶对比
铝锅比起铁锅来，有很多优点，所以铝锅越来越受欢迎，正被大众广泛使用。

喜爱。不过铝制品也有缺点，它最怕的是碱性物质，所以不要让它与肥皂之类的碱性物质接触。

铝还有一个别称，叫"土银"，但是铝和银的特性区别是很大的。铝暴露在空气中会氧化，在表层会形成一层氧化膜。不过铝的氧化膜不像铜的氧化物那样有毒，只是这层氧化膜，会让铝制品外表变成灰色。和铜的氧化物一样，这层氧化膜能阻止铝的内层继续氧化。所以如果想要打造一件永远闪光的器物，最好不要选择铝这种材料。铝最大的特点就是轻，在同等大小的情况下，铝的重量大约只有铁的 1/3，因此航空器都会选择铝做原材料。为了增加铝的强度和硬度，人们会按比例在铝中添加镁、锰、铜三种金属做成合金。这种铝合金的坚固程度可以与钢相媲美，但重量却只有钢的一半左右。

铝有这么大的作用，而且它就存在于我们脚下的黏土里。在铝矿和冰晶石里含有较多的铝，它们是提炼铝的主要来源。黏土虽然也含有铝，但比例太少，提炼起来成本太高，所以目前还没有直接从黏土里大量提炼铝的好办法。

我们常见的陶瓷，并不是一般的黏土烧制的，而是用一种名叫高岭土的黏土制成。高岭土是质地最纯、颜色最浅的一种黏土，它并不常见，在俄罗斯的北部地区才有这种黏土。

在彼得格勒，当地最常见的黏土会被烧成砖用来盖房子。这种黏土里包含许多混合物，一些物质我们很容易就能将它们从黏土里分离出来。把一小块黏土放进杯子里，倒上水，然后用力搅拌一下，等浑浊的水沉淀之后，你就能在杯底看到一些杂质，有砾石、石灰石、沙粒等；把杯子上层比较浑浊的水倒进另一个杯子，放一些盐进去，过一会儿，你会发现又有一部分颗粒沉到杯底，而水变得干净透明了许多。

刚才做的这个实验，在太古时期的自然界也曾发生过。

我们把那一小块黏土当作当时的花岗岩山脉，把杯子里的水当作当时在山间奔涌的河流。花岗岩是一种非常坚固的岩石，但抵挡不住风的侵蚀和水的冲刷，随着时间的推移，花岗岩破碎并逐渐风化成沙砾和黏土。雨水将它们冲进河流之中，它们随着河流四处沉积，在地势平缓的平原地带，就会有大量的黏土沉积下来。

①如果你仔细观察，会发现烧好的砖块是红色的，而砖坯的颜色却是黄褐色。这是怎么回事呢？原来黏土里有许多别的物质，铁锈就是其中的一种，它在经过高温烧制后，能让黏土变成红色。根据这个原理，人们也学会了从黏土里提取颜料，比如赭石。赭石的主要成分就是氧化铁，可以从黏土里分离出来。

瓦片也是用黏土烧制成的，但是两者之间有着本质的不同。黏土很松散，瓦片却非常坚固；②黏土放到水里就会变成一摊泥浆，瓦片在水里不会发生任何变化；黏土和成泥可以捏成各种形状，瓦片一旦成形，就改变不了形状。看看，普普通通的黏土里也有这么多知识。

瓦罐教给我们什么知识？

如果想用黏土做一个瓦罐，首先要给黏土加水然后充分搅拌做成泥团。为什么要加水，不加水的黏土能做成瓦罐

读书笔记

❶设问
解释了砖坯烧好前后的颜色，为下文作铺垫。

❷做比较
突出了瓦片的坚硬和黏土的松散。

注释
花岗岩：大陆地壳的主要组成部分，是一种岩浆在地表以下凝结形成的岩浆岩，主要由石英或长石等矿物组成。

吗？答案是肯定的，现在有一种冲压机可以将不加水的黏土压制成形，工人先把黏土填进钢模子里，再用冲压机压实。这个过程需要 200 个大气压（压强单位，是"标准大气压"的简称）的压力，那么这压力有多大呢？

我们拿一本书来举例吧，这压力就相当于在一本书上放了四辆满载货物的卡车的重量。这么大的压力必须依靠机器，如果仅靠人的力量是根本做不到的。

机器用过一段时间，要加润滑油，为的是减少机器内部的摩擦力。给黏土加水的目的也是减少摩擦力。把黏土塑成需要的形状的过程，就是让黏土颗粒排列整齐，加水的目的就是让黏土颗粒挨得更紧实。用机器制作黏土制品，就是让黏土颗粒接合得更加紧密。

黏土在烘干的过程中，会把黏土中含有的水分全部蒸发掉。这样黏土颗粒之间的距离就会变得非常小，干燥的黏土制品的质地也会变得坚硬起来。一块成品黏土砖的体积，只有砖坯的 1/4。黏土烧制成形后也存在缺点，就像被雨淋过的黏土地，经过太阳暴晒后，会出现裂缝一样，黏土制品干燥后也常常会裂开。我们也可以想象一下地震后地表上的大裂缝。黏土上的裂缝，对于蚂蚁来说，就跟我们人类看到大峡谷一样可怕。

①为了不使黏土制品在干燥后出现裂缝，人们会在和黏土时加入一定比例的沙子。沙子就像给黏土制品加了一副骨架，可以避免黏土制品因干燥收缩而开裂。

了解了黏土的特性，我们可以试着做一个土罐。

准备一些黏土，加入黏土分量 1/3 的水，动手将它和成泥团。水加得太多或太少都不行，水太多，泥团太软，而且还会粘手；水太少，黏土团就不能成型。我们抓一把细沙揉

❶叙述

介绍了为防止黏土在干燥之后出现裂缝，人们所采取的方法。

到泥团里，揉到看不到沙粒的程度就可以了。接下来，我们要用泥团捏出小罐的样子。我要强调一点，不同地方挖的黏土特性也不相同，要根据它们的特性来多加沙子或少加沙子。

小罐捏出形状后，你可能不太满意它的样子。从上往下看，它的外形很不规则，不是一个正圆形。要做到尽善尽美是很难的，这需要靠你的双眼和手的力量相互配合，就算手艺高超的匠人，也不可能将坯子做得像机器那样标准，这就像不让你使用圆规画一个圆那样困难。

工匠们制作陶坯时会用一种工具——旋盘，在一根可以旋转的竖轴上，安装一块圆木板，只要踩动踏板，旋盘就能转动。陶工把一块大小合适的陶泥放在旋盘上，一边转动旋盘，一边用双手按压陶坯，很快，陶坯就成了圆形。这就像我们使用圆规画圆，只要保持圆心不动，将笔尖旋转一周，就能得到一个正圆。旋盘上那根竖轴就是陶坯的圆心。

罐子成形了，把它放到架子上晾干吧。

等土罐晾干以后，还要放进窑里用火烧一烧。没有烧过的陶坯遇到水还会变成泥。窑里的温度非常高，这时还要注意，有的罐子在烧制的时候会开裂，这是因为土坯没有完全晾干的缘故。黏土中的水分遇热后会变成水蒸气外溢，大量的水蒸气外溢时就会"撑"破陶坯，致使陶坯破裂。

①烧制陶罐需要一些时间，我们利用这段时间想一想，黏土罐为什么要用火烧制才能成型呢？

黏土罐在烧制的时候，黏土颗粒遇到高温会熔化并彼此黏结在一起，形成像海绵那样的一整块。烧制成型的陶罐有

读书笔记

❶疑问
提出问题，引出下文对此问题的解释。

注释

尽善尽美：极其完善、极其美好。指完美到没有一点缺点。

了韧性,就算遇到水也不会变成泥浆;反过来,陶器片也变不回黏土了。

一段时间过后,陶罐终于烧制好了。它的外表和砖块一样变成了红色,等它变凉了,就可以用来盛水了。不过,用这种陶罐装水是非常不明智的,因为水会从罐身渗出来。这是因为黏土颗粒之间有空隙,虽然非常细小,但仍阻挡不了水分子跑出去。

你仔细观察厨房里能装水的陶罐,会发现它的外层涂着一层非常光洁的薄膜。这种物质叫作釉,釉是由石英、长石、硼砂、黏土为原料,混合以后磨成粉,加水调制成糊状,将其均匀涂在陶器表面,然后烧制,所形成的一层有玻璃光泽的涂层。这层涂层将陶器上细小的孔洞挡住,用陶器盛水时就不用担心水会渗出来了。如果你能变得比陶器上的孔洞还小,你就可以钻进陶器里去探险,你会发现陶器上有很多曲曲折折的缝隙,当你顺着孔洞外透光亮的地方走到尽头,就会发现有一道透明的墙壁挡住了去路。那道透明的墙壁就是釉。

本站走进厨房介绍了厨房里一些物品的制作方法和过程。首先你会看到七样不同的物品,七种不同的物品用不同的材料制作而成。我们日常生活中用到的铁不是生铁,生铁很脆,我们所用到的是熟铁和钢。由于铁很容易生锈,为了防止生锈,就在铁片上刷一层油漆;但是油漆耐不住高温,于是马口铁随之出现。随着时间的推移,防止铁生锈的方法不再是单一的一种,人们又想到了许多方法。说到锡，它容易被污染，白锡遇到灰锡就会变成灰锡。厨房中少不了铜，铜内铜和锌含量不同，铜的名称也不同。人们后来利用黏土制作了陶罐等用品。总之，通过本站，我们知道了厨房里七种物品的来源以及制作过程。

延伸思考

1. 我们用的铁制品是生铁制成的吗？
2. 黄铜是因为它的颜色是黄色的所以才被称为黄铜吗？
3. 最坚固又不坚固的材料是什么？

大气压

大气对处在它里面的物体所产生的压强叫大气压强，简称大气压或气压。1654年，格里克（德国物理学家）在神圣罗马帝国的雷根斯堡（今德国雷根斯堡）做了著名的马德堡半球实验，有力地证明了大气压的存在，这让人们对大气压有了深刻的认识。

第五站　碗　柜

名师导读

　　瓷器由聪明的中国人发明，中国人烧制瓷器有悠久的历史。据考证，早在商朝，中国人就掌握了烧制原始瓷器的办法。瓷器的出现给人们的生活带来了方便，让我们能用廉价的材料和简便的方式获得我们需要的生活器皿。瓷制品是碗柜里的常客，下面就让我们进一步了解它们吧。

瓦罐中的贵族亲戚

　　瓦罐有很多近亲，它们就在厨房里。不过它们不在灶台上，而是整齐地摆放在我们的碗柜里。

　　①打开碗柜上的门，你会看到一排排整齐的瓷器摆放在一起，它们就像等候检阅的士兵。这里有浅盘、深盘、茶杯、碟子、汤匙、糖罐和一个缺了嘴的茶壶，它们都是由上了釉的粗瓷做成的。碗柜的最上方还有一个精美的细瓷杯，这个杯子造型精美、颜色洁白，而且杯子的正面还绘有漂亮

❶拟人
将碗柜上的瓷器拟人化，表达了人们对它的爱惜，从而为下文做铺垫。

的图案：①一条静静流淌的小河边上，坐着一个垂钓的中年人，此时他正手持鱼竿，静静地等着鱼儿上钩。

与它比起来，瓦罐会显得粗糙。但是，瓦罐是细瓷的祖先，人们是在学会烧制瓦罐的基础上，一步步改良工艺，才掌握了烧制细瓷的工艺。

❶ 场面描写
描写了杯子图像中中年人垂钓的情景，渲染出一种悠闲的氛围，也体现了杯子的精美。

陶瓷的故事

瓦罐出现了多长时间，没有人能准确地回答。在丹麦和瑞士等一些沿海国家，人们先后在海岸线旁的土堤上发现过原始人生活过的痕迹。考古人员在这里发现过鱼骨、海螺壳、动物骨头做成的渔叉和刀具，等等。除了这些东西外，考古人员还发现了用黏土做成的瓦罐碎片。不过这种瓦罐要比我们现在用的瓦罐粗糙许多，上面也没有釉，而且样子也很不规则。

②几千年后，真正意义上的陶瓷出现了。大约公元前3世纪，中国人首先掌握了烧制陶器的技术，直到15世纪，中国明朝时期的人在烧制陶瓷工艺上有了质的飞跃。中国的瓷器出口到欧洲，且大受欢迎，在当时，最贵的瓷器能换到相等重量的黄金。瓷器的烧制技术掌握在中国人手里，而且制作陶瓷的工艺十分复杂，欧洲人所用的瓷器全部都由中国进口，直到一个炼金术士——比特格尔意外掌握了这种技术，才打破了中国人对瓷器的垄断。

❷ 列数字
展现了陶器技术的发展历程，也展现了我国古代劳动人民的智慧。

起初，炼金术士天真地以为能将普通的石头和泥土炼出金子，只要能拥有传说中的点金石，就能办到。其实点金石只存在于《天方夜谭》中。

但是，当时愚昧的国王也相信有点金石这种神奇的东

❶叙述

可见当时的国王有多么愚昧无知。

西，所以国王雇用了许多御用炼金师。①为了防止他们跑到敌对的国家，国王给他们提供了优厚的生活条件，同时将他们幽禁起来。炼金术士无论怎样，也不可能从石头中炼出金子来，国王一怒之下，就将他们一一处死。具有讽刺意味的是，处死炼金术士的绞刑架通常都是镀金的。

炼金术士比我们想象的要忙得多，他们为了保命，要反复做各种试验，希望能得到国王想要的金子。在此过程中，也会有意外出现。

❷叙述

表现了当时比特格尔迫切想得到金子的心情。

比特格尔14岁在药房当学徒时，偶然得到一本关于炼金术的书稿，他马上被书中光怪陆离的描写吸引住了。②光靠阅读还觉得不过瘾，后来，他晚上还照书中的描写偷偷地做起了实验。有一次，当他全神贯注地做实验时，被药剂师左纶先生逮了个正着。在左纶先生的询问下，比特格尔诚实地回答自己在炼金，结果他遭到一番无情的羞辱和呵斥后，被赶回了家。

比特格尔的父亲是一个铸币工人，收入微薄，甚至不够维持一家人的生活。几个月后，因生活所迫，比特格尔再次回到药房工作。但是他还对炼金术有着强烈的好奇心，没过多久，他又在偷偷炼金时被当场发现，左纶再次将这个三心二意的学徒赶出药房。

读书笔记

比特格尔不想回家给父亲增添负担，这时，幸运女神眷顾了这位年轻人。一天，他偶然认识了一位叫冯·福尔斯登堡的伯爵，伯爵对他的炼金术很感兴趣，于是就将比特格尔带到自己的城堡，并给他建了一个实验室。比特格尔就此拥有了金钱、豪宅和地位。穷小子比特格尔发达的消息很快传遍了全城，左纶也开始在人前吹嘘自己的徒弟是一个高超的炼金师。人们也纷纷附和，说只有像左纶这么优秀的师傅才能带出比特格尔这样高明的徒弟。

许多年过去了，比特格尔从一个年轻的小伙子变成了一个30多岁的中年人。他的实验毫无进展，随着时间的推移，那个器重他的伯爵也渐渐失去了耐心，怀疑比特格尔是一个骗子。在当时，如果骗子罪名成立，是要被判重刑的。①比特格尔害怕了，有一天，他逃离了城堡，但很快就被抓回来继续工作。

❶动作描写
与后面的结局形成了强烈反差。

伯爵要求比特格尔把炼金术的秘方写出来，但他哪有什么秘方啊！为了蒙混过关，他写了一些晦涩难懂的文字，希望能糊弄过去。伯爵并不愚蠢，一眼就识破了他的伎俩。于是，国王亲自下令将他送进了大牢。

这个消息很快传到左纶的耳中，他三缄其口，再也不敢说比特格尔是自己的学生了。不过，让左纶万万没想到的是，比特格尔又一次交了好运。这次是契伦豪森公爵救了他，让他着手研究瓷器的制作方法。前面我们提到过，当时欧洲的瓷器价格高昂，国王不惜用一个团的人同其他国家交换一套中国瓷器。聪明的比特格尔这次实验非常顺利，很快便制作出了褐色瓷器，因此又重新得到了器重。

虽然得到了器重，但他却彻底失去了自由。他和助手每天都要在别人的监视下工作，后来他终于研究出烧制白瓷的方法。1707年，瓷器不再高不可攀，它出现在莱比锡的集市上。后来，麦森的阿尔布列兹堡又建起一座瓷器厂，这里出产的瓷器上画有两把交叉的宝剑作为商标，且很快就风靡了全欧洲。这里烧制的瓷器和中国产的瓷器已经非常接近。比特格尔仍被囚禁在麦森城堡里，这时他已经是一位老人了。他想获得自由，为了出逃，他与普鲁士大臣秘密谈判。但计

读书笔记

划败露，他因叛国罪而悲惨地死在了监狱里。

细瓷器的秘密

① 麦森城堡在获得烧制细瓷器的方法后，将它视为机密，对外严格保密。烧制细瓷的工艺很复杂吗？

确实如此，当时做出完美的细瓷器并不容易，其中有几个外人不知道的秘密。

秘密一：烧制细瓷器需要专用的黏土，它与烧制普通瓷器的黏土不同。比特格尔也是很偶然地发现了这种黏土。一天，他发现在假发上搽涂的粉特别细腻。经过研究，他发现制造这种粉的原材料是一种黏土，而这种黏土就出自麦森堡不远的地方。于是，比特格尔试着用这种黏土烧制细瓷器，果然取得了成功。

烧制细瓷器需要特殊的黏土，这是烧制出细瓷器的关键一步，比特格尔幸运地发现了这个秘密。

秘密二：烧制细瓷器需要添加一些原料，像纯净的白沙和优质的云母（一种矿物，主要成分是铝硅酸盐）或长石（一种含有钠、钾、钙的铝硅酸盐矿物，是烧制陶瓷和玻璃的原料）。就像烧制陶器需要加入一些沙子，防止黏土干燥时开裂一样，云母和长石加入黏土中，就能使黏土颗粒更好地熔合，增加瓷器的强度。

秘密三：不管是沙子、云母，还是长石，在混入黏土前，都要充分地研磨成粉。为了保证粉状颗粒足够细腻，要用沉淀法将较大的颗粒剔除，只留下最细小的粉末。黏土也需要这道加工工艺，以保证黏土中的颗粒十分细腻。

接下来把黏土和几种附加原料，经过充分混合、搅拌均

❶ 疑问

用疑问来吸引读者的阅读兴趣，并引出下文。

匀后做成泥团，再放到旋转盘上加工成坯胎。这一过程没有什么秘密可言。

最后一道工序是放进窑洞烧制，这是最关键的一步，如果出现差错，之前所有的工作将会前功尽弃。烧制细瓷分为两步：首先，控制好温度，用相对较低的炉温将坯胎烧制定型，然后上釉再烧第二遍。第二遍的火候要控制得当，这也是烧制过程中主要的秘密。第二次烧制时，要将炉温升到尽量高，这种温度好像要将坯胎熔化一样。遇到高温，窑炉内的坯胎会歪歪斜斜，真的像要熔化了。这时要用支架将它们扶正，即使这样，每次还会有大量残次品出现。细瓷器紧挨着支架地方的，釉一定要擦掉，这么做是为了阻止釉熔化时，茶杯与支架粘在一起。烧制细瓷的秘密就是这些，最关键的一项就是炉温，如果温度掌握不好，烧出来的就不是细瓷器，而是陶器。

细瓷器和陶器有什么区别呢？

细瓷器因为经过高温的烧制，会熔成一个没有孔隙的整体；而陶器则不同，它会和瓦罐一样有小孔，只是表面有一层釉保护它不会渗水。① 如果细瓷器的壁做得薄一点，它会呈现半透明状，用它对着太阳看，它会透光；而陶器是不透光的。

辨别细瓷器和陶器还有一个更简便的方法：细瓷器在烧制时要用到支架，所以它的底边一圈没有釉，而陶器就不存在这种现象。

读书笔记

❶对比
通过对比，突出了细瓷器壁薄的特点。

碗柜中有沙子做的东西吗？

碗柜里除了黏土做的陶瓷之外，还有用什么做成的东西呢？如果我给你一个提示，它们跟沙子有关，你会想到什么东西？

爱阅读
AI YUEDU

❶叙述
介绍了制作玻璃的原料以及玻璃制品用途的广泛。

答案就是这些玻璃制成的杯子和瓶子。你们可能好奇，玻璃和沙子有什么联系呢？①原来，沙子就是做玻璃的原料。现在，玻璃制品无处不在，大大方便了人们的生活，小到厨房里的器皿，大到城市里高楼大厦的玻璃幕墙，都有玻璃的身影。

在伦敦有一座"玻璃房"大楼，里面生长着一棵几百岁的大树。建造这座大楼的原料一半是玻璃，它和普通建筑物一样能够遮风挡雨。

变硬的液体

沙子怎么变成玻璃的呢？将一定比例的沙子、碱和白垩（石灰岩的一种，主要成分是碳酸钙）倒入坩埚（用耐火材料做成，用来熔化金属或其他物品），然后放入窑炉里加热。坩埚很耐热，能经受非常高的温度。而沙子、碱和白垩遇到高温，就会熔化在一起，这种除去杂质，像水一样透明的物质就是液态玻璃。

读书笔记

要使水保持液态，只要温度达到0℃以上就可以，如果低于0℃，水就会结冰变为固态。玻璃要想液化，需要更高的温度，而且随着温度的降低，液态玻璃会呈现出不同的形态。

随着温度的下降，熔化后的玻璃会变得越来越黏稠。②1200℃时，它会像糖浆一样；降到1000℃时，液态玻璃就能拉成丝；到了800℃时，它几乎不会流动。随着温度进一步降低，玻璃最终会变成我们熟悉的样子。

❷列数字
列举了不同温度下玻璃的形态，令人印象深刻。

单从坩埚里的玻璃形态来看，我们无法判断它在什么温度下熔化，在什么温度下凝固。玻璃之所以被称为"硬液体"，就是这个原因。

这种叫法像"白的煤"和"热的冰"一样滑稽。玻璃能变得黏稠，是因为它是"硬的液体"，因为它有这个特性，所以我们才能把它加工成各种形状的器皿。

泡泡工厂

铁需要煅烧变软后，再加工成我们需要的器物，没有这道工序是不行的。玻璃也是一样，要想做成各种形状的玻璃制品，就需要在把玻璃烧成黏稠状的时候，吹出想要的样子。为什么这里要用"吹"这个词呢？因为大多数玻璃器皿都是吹出来的。

相信你们小时候都吹过肥皂泡，吹玻璃和吹肥皂泡的原理相似，不过吹玻璃用的管子要更长，而且这根管子是铁质的，末端装有木嘴。工人会先将玻璃熔化，待它冷却到黏稠状时，切一块放到铁管另一端，工人对着木嘴吹气，就会吹出一个玻璃泡。

用这种方式就能将玻璃加工成各种我们需要的东西，如杯子、瓶子、高脚杯，甚至是平整的玻璃板。做这些东西时要用到各种形状的模具，①比如加工一个瓶子，只需将玻璃放进瓶子状的模具里，用铁管吹气，等玻璃泡塞满模具后，就能得到我们需要的瓶子。吹气时一定要注意，模具和玻璃之间不能出现任何空隙，否则就会出现残次品。等到玻璃冷却后，模具拿掉，一个瓶子就出现在我们眼前了。在瓶子成型后，我们先要把模具取下来，用一根冷的铁棒在瓶颈上快速地划一下，吹管就切下来了。

一个技术过硬的熟练工人用一根铁管能吹出你要的任何形状。

读书笔记

❶叙述……………
　　交代了加工瓶子的过程。

❶叙述

介绍了机器代替人工吹玻璃，大大提高了生产效率。

读书笔记

读书笔记

吹玻璃是一件很累的工作，而且对身体有害。所以现在一些大型的玻璃厂，吹玻璃的工作都交给了机器。① 这是一种专门吹玻璃的气泵，同样的时间，1台气泵的工作量相当于80个工人。1台气泵只需要2个工人负责，大大节省了劳动力。1台气泵1天能吹出上万个瓶子。

吹出需要的形状只是玻璃加工的第一步，接下来，需要让玻璃冷却。冷却要缓慢进行，如果冷却时间过短，玻璃就会变得非常脆弱，更加容易破碎。

工人们将成型的玻璃制品放在一个特殊的炉子里缓慢降温，确保它能充分冷却。

我们在平时还会见到一种不透明的磨砂玻璃，它是怎么加工出来的呢？

玻璃器皿冷却后，在磨刀石上打磨，表面就会变得粗糙不透明了，再继续用金刚砂或别的粉进行抛光，就能使磨砂面变得光滑。但这种加工方法费时费力，后来人们又研究出另一种更方便的办法——浇铸。前面我们讲过生铁的浇铸过程，玻璃的浇铸也是同样的道理。除此之外，在玻璃软化后，还可以使用压制法得到想要的形状。

想要区分压制法做的玻璃和打磨做的玻璃其实很容易，打磨出来的磨砂玻璃器皿的角非常圆滑，压制法加工的玻璃器皿的角会显得尖锐。打磨工艺比压制工艺更加耗时，基于这个原因，打磨出来的玻璃器皿价格会更高一些。

大块平整的平面玻璃都是浇铸出来的，一次浇铸成型的玻璃板很大，经过抛光和切割等工序，就能得到我们窗户上的玻璃了。

不同颜色的玻璃是添加了不同的原料做成的。比如绿色的啤酒瓶——这种玻璃的加工原料是黄沙、碱和白垩。为什么加入黄沙，却烧出了绿颜色呢？因为普通的黄沙里含有大量铁锈，所以才使沙子发黄，黄沙高温熔化后，铁锈变成了绿色。所以，当你看到一个绿色的瓶子时，毫无疑问，它里面一定包含了铁锈的成分。

纯透明的玻璃瓶就不加黄沙来熔炼了，而要用颜色更白的白沙。有一种叫水晶玻璃的器皿，透明度更高，像纯净的水晶一样。做这种玻璃需要用和普通玻璃完全不同的原料——最纯净的沙子、代替碱的钾、代替白垩的石灰石或铅丹。

不碎的玻璃

① 人们在烧制玻璃的时候，发现用沙子和石英为原料烧制出的器皿，比普通玻璃结实得多，就算烧红以后直接扔到水里都不会爆裂，这是普通玻璃所不具备的硬度。

有人会说，既然这种材料这么好，可以拿它替代普通玻璃呀。你要知道，如果用石英加工玻璃，那造价太高了，一是石英本身价格很高；二是加工它需要用到电炉熔化，造价会非常昂贵。

但人们的目的是让普通玻璃能像石英玻璃那样坚固。

人们进一步改进玻璃的加工工艺。现在，美国人已经发明了一种耐热玻璃，这种玻璃即使加热到200℃，放到冷水里也不会爆裂；法国人则发明了一种双层玻璃，在两层玻璃间加入了赛璐珞胶，这种玻璃可以挡住一般子弹的射击；后来，苏联的工程师发明了一种塑料做的玻璃，也具有不易碎的特性。

❶对比

通过用沙子和石英做成的玻璃与普通玻璃进行对比，突出了石英玻璃的坚固。

精华赏析

本站主要介绍了瓷器、玻璃的发展史。在公元前3世纪,我国最早掌握了烧制陶器的方法,后来我国又制造出了细瓷器,但是由于对外一直处于保密的状态,欧洲不得不从中国进口细瓷器。欧洲国王为了能够得到炼金术,被一群所谓的炼金师所蒙蔽。当时的炼金术士比特格尔一直找不到炼出金子的办法,偶然间却找到了制作细瓷器的方法,从此细瓷器开始在欧洲被广泛使用,最后比特格尔还是被囚禁至死,而麦森城堡将烧制细瓷的方法全面封闭起来。自从发现沙子可以制作透明的玻璃后,经过不断的发展,人们终于发明了不碎的玻璃。通过本站的学习,我们也感受到了我国古代劳动人民的智慧。

1. 哪个国家是第一个烧制陶器的?
2. 细瓷器与陶器的区别是什么?
3. 用沙子和石英制作的玻璃优势有哪些?

石英

石英,一般指低温石英,是石英族矿物中分布最广的一种矿物。广义的石英还包括高温石英、柯石英等,主要成分是二氧化硅。石英无色透明,质地坚硬,常因含有少量杂质成分而变为半透明或不透明的晶体。石英是一种物理性质和化学性质都十分稳定的矿产资源。

第六站 衣 柜

名师导读

衣柜是每个爱美人士必备的家具，里面摆放着许多漂亮的衣服和鞋子。在这里，你同样能找到许多奥妙无穷的知识，如：为什么棉花能保暖，镜子是怎么发明的，等等。让我们带着这些疑问，进入这一站学习吧。

最后一站

我们漫游了房子里的每个角落，现在来到最后一站——衣柜。① 每个家庭的衣柜大小、形状都不尽相同，大的衣柜有半间屋子那么大，可以轻松装进六个人；而最小的衣柜可能连个儿童也塞不进去。有的衣柜样式非常精致，柜门上还镶着镜子；有的衣柜普普通通，就像个木头箱子。

我们现在看到的这个衣柜，大小刚好，门上镶着一块一人高的镜子。打开衣柜门，你能看到里面被分成不同的格子，有的格子里放着衬衣，有的格子里放着外套。我们先把衣柜门合上，从这面镜子开始探索衣柜里的奥秘。

❶做比较
　为下文针对衣柜的叙述做了铺垫。

镜子的身世

人人都有爱美之心，古人也不例外。很久以前就出现了镜子，但那时的镜子和我们现在所看到的镜子有着本质的区别。古代的镜子是用金属制成的，制作镜子的材料有银、铜和锡，将这些材料的表面抛光，就是一面镜子了。当然，从这种镜子里看到的样子是模糊的，而且长时间暴露在空气里，这种金属镜子会失去光泽。为了隔绝空气，人们会在金属面板上覆盖一层玻璃。

后来又出现了用水银溶锡做成的玻璃。在一块玻璃上覆盖一层锡箔，把水银浇在上面，等锡完全被水银溶解掉后，就会紧紧地贴在玻璃上。最后小心翼翼地把水银倒掉，就是一面反光效果非常好的镜子了。但加工一面这样的镜子要用一个月的时间。而且水银是一种有毒的物质，操作不当，就会带来健康隐患。

后来，科学家冯·李比希制造出一种可以溶解银的溶液。用这种溶液在玻璃上镀一层银只需半小时，等银凝固后，再在上面涂一层保护漆，这样，一面镜子就做好了。而且整个加工过程对人体无害。这种镜子的亮度比涂水银的亮度更高。

这种制作镜子的方法问世后，并没有大规模推广，而是掌握在少数人的手里。在19世纪，只有威尼斯人懂得制造镜子的办法，外人是不得而知的。在当时的威尼斯有一项严苛的法律：[①]任何人将制作镜子的方法透露给外地人，将会判处死刑。所有加工玻璃和镜子的工厂都被勒令搬迁到穆拉诺孤岛上，这个岛不允许外地人登陆。

当时这个岛享誉世界，岛上有40家生产镜子的大工

❶ 引用
引用当时威尼斯的法律条令，说明镜子在那一时期的珍贵。

厂，雇用着几千名工人，每年有 200 箱镜子销往法国。除了生产镜子，这里还生产各种精美的玻璃器皿，当时，威尼斯生产的酒杯和花瓶广受欢迎。在穆拉诺岛上生产玻璃制品的工人也很受尊敬，"吹玻璃的工人"这个称号几乎和贵族称号齐名。在穆拉诺岛上，工人们自己推选出一个委员会负责日常管理，就连警察也没有权利过问岛上的事务。这里的工人待遇虽然很高，但是他们却是以牺牲自由为代价的。①这些工人没有出国的权利，出国即意味着叛国，是要被判死刑的。如果工人私自出逃他国，他的家人也会受到牵连。

　　虽然保密工作做得这么严密，但是秘密最终还是被泄露出去了。

　　一天，法国驻威尼斯大使接到一封棘手的密报。这封密报出自执政大臣科尔伯之手，他命令大使不管以什么代价，都要找到威尼斯工人，帮助法国建立宫廷镜子加工厂。那时候没有大型机械，所谓加工厂就是大的手工工场，需要大量的工人。大使熟知威尼斯的法律，他知道引诱一个威尼斯镜子工人去法国工作，是会触犯当地的法律的，先不说花多少钱可以请到镜子厂的工人，就说制作镜子的工人出国就是死罪这一条，又有哪个工人会为了钱而去冒杀头之罪呢？他虽然是法国驻威尼斯的大使，但也要遵守当地的法律。怎么才能找到穆拉诺岛上制作镜子的工人，并说服他去法国呢？

　　威尼斯你一定不陌生，知道它是一个水城，一条条纵横交错的河道连着千家万户。有一天晚上，一艘斗篷船里走出一个身材矮小、身披斗篷的人，他警惕地四下看看，然后走进了法国大使馆。过了好久，他的身影才从使馆中出来。从这以后，这个身影每天晚上都会潜入法国大使馆，他来见的正是法国大使。这个神秘的人是穆拉诺岛上一家杂货店的老

❶ 叙述
　　体现了当时威尼斯对制作镜子技术的保密程度。

读书笔记

板,没人知道他和法国大使说了些什么。

10天过后,法国大使给科尔伯大臣写了封密信,信上说已经说服4名威尼斯玻璃工人去法国工作,让大臣做好接应工作。几周后,在一个伸手不见五指的深夜,一艘全副武装的船悄悄驶向穆拉诺岛。杂货店老板负责接应,他安排4名熟练的玻璃工人登上了船。由于安排周密,没有一个人发现他们。这艘船带着4名工人去了法国。杂货店老板则穿着他那件斗篷回家去了,在他的斗篷下,放着一个装满不义之财的袋子,里面足足装了2000里弗尔(古代法国银币)。

第二天,威尼斯就发现有4名工人失踪了。这4名工人来到法国,马上帮助法国人建了一座镜子加工厂。威尼斯怀疑工人逃到了法国,就命驻法国使馆全力打探那4名工人的下落。但法国人的保密工作做得很好,威尼斯人找不到任何线索。

没过多久,又有4名玻璃工人逃离了威尼斯。威尼斯政府得到消息后,再也按捺不住了,派基斯丁尼亚尼去法国接任驻法国大使职位。基斯丁尼亚尼经过多方调查,终于得知叛逃工人的下落,并最终说服几个人回国。① 与此同时,法国人为了留住剩下的威尼斯工人,也付出了巨大的代价,不仅给这些工人安排了最好的住处,还付给他们高额的薪酬,满足他们提出的任何条件,还把他们的家人接到法国……就差把皇宫让给他们居住了。

当威尼斯政府抓捕这些叛逃工人的家属时,发现他们早已经逃到了法国。

基斯丁尼亚尼向叛逃的玻璃工人保证,只要他们肯回到祖国,就赦免他们犯下的罪,还会给他们每人5000杜克托(古代威尼斯金币)。但是,法国人给他们提供的待遇太好了,是在威尼斯辛苦几辈子也挣不来的,这种纸醉金迷

❶叙述
表现了法国对于镜子制作工人的重视。

的生活让他们乐不思蜀，而他们却不知道死神已经在慢慢靠近他们。

到了法国一年半之后，叛逃的一名工人莫名其妙猝死了；三个星期之后，又一名擅长吹玻璃的工人也中毒而死。同时，威尼斯那边打算逃到法国的两名工人被捕并被处以死刑。生活在巴黎皇家镜子厂的几名威尼斯工人惶惶不可终日，提出回国的请求。科尔伯并没有挽留，因为法国人已经完全掌握了制作镜子的工艺，他们一走，正好可以省下一大笔开销。

读书笔记

法国皇宫的女人们再也不缺用来打扮的镜子了，只是她们在使用这些镜子时，是否会想到那些为此付出生命的威尼斯工人呢？

衣柜里都有什么？

打开衣柜的门，让我们来看看衣柜里都有什么东西吧。衣柜里最多的就是衣服了，地球上生活的生物只有人会制作衣服来保暖。有关衣服，我现在提三个问题，请你们想一想答案：

第一，为什么穿皮袄会更暖和？

第二，穿一件厚的衣服暖和，还是穿三件薄的衣服暖和？

第三，熨烫衣服时为什么要在衣服上垫一块湿布？

衣服能散发热量吗？

①衣服具有保暖的功能，是因为它本身会产生热量吗？

答案是否定的，衣服没有产生热量的功能，恰恰相反，是人的身体产生的热量暖和衣服。

衣服不是炉子，不会产生热量。

那人为什么能产生热量，人也不是炉子呀？前面我们讲过，我们吃进身体里的食物就像木材一样，在消化的过程中

❶设问
通过设问，否定了衣服具有产生热量的功能，引出下文。

会产生热量，让我们的身体保持恒温。

寒冷的冬天，为了不让房间里的热气跑到外面去，人们会把门窗封闭得严严实实。我们身体里的热量可以通过皮肤散发出去，为了减少热气散发，我们就要穿上衣服，皮肤不与冷空气接触了，就会让我们感觉很温暖。

要知道一点，穿上衣服后身体的热量也不是完全散发不掉，而是相对不穿衣服而言要散发得慢多了。

穿一件厚衣服保暖，还是穿三件薄衣服保暖？

当然穿得越多，保暖性越好。

①保暖要依靠衣服和身体之间的空气，空气导热性不强，衣服之间有越多的空气，保暖性就越好（静止的空气导热系数最小，在空气不流动的情况下，纤维层中保存的空气越多，纤维层的保暖性就越好）。

三件衣服之间有更多的空气，所以比一件衣服要更暖和。

静止的空气能不能做成墙？

②北方的冬天非常寒冷，这里的房子通常都会安装双层玻璃，双层玻璃之间的空气是静止的，就像墙一样，有效地阻隔了热气的流失。如果想让双层玻璃的隔热性能更好，就需要把两层玻璃间的空气抽空，这样不仅能隔热，还能起到隔离噪音的效果。

空心玻璃可以保暖，空心砖也有这样的功能。

为什么夏天不穿毛衣？

冬天穿上毛衣会很暖和，但夏天没有人会穿它，是因为羊毛保暖性太好的缘故吗？这仅仅是其中一个原因。炎热的

---

❶叙述
要想保暖就要多穿几件衣服，让空气不再流动。解释了文章标题提出的问题。

❷比喻
表现了双层玻璃保暖性更好，更暖和。

夏天，人们会通过排汗来将身体里多余的热量散发出去。羊毛有不容易干的特点，如果夏天穿上毛衣，身上就会湿漉漉的，会让人感觉特别不舒服。

棉麻制品有易干的特点，透气性也很好，所以夏天的时候，人们多会选择穿棉麻做的衣服。

穿外套前，为什么要穿上衬衣？

天气转凉后，我们在穿外套的时候都会先穿件衬衣，这是为什么呢？因为如果只穿外套的话，身体四周的空气就会很稀薄，我们就会感觉冷。穿上衬衣后就有效地解决了这个问题。

穿外套前穿衬衣不仅为了保暖。我们知道，冬天的衣服又大又厚，不能像夏天的衣服那样每天换洗。衬衣比外套要便宜很多，而且容易清洗，所以这是人们在外套内穿一件衬衣的另一个原因。

冬天的外套很多是用羊毛制成的大衣，在显微镜下观察，你会发现羊毛纤维上有细小的鳞片。①羊毛用热水洗过之后，纤维上的鳞片会张开相互缠绕在一起，久而久之，就会像毛毡一样。因此，羊毛织物在熨烫时，不能与高温的熨斗直接接触，而要在衣服上垫一层湿布。

房屋漫游指南

我们只花一点时间就进行了一次房间旅行，从认识水开始到认识了火，从认识火柴的原理到了解玻璃的制作过程，我们知道了许多看似普通却不普通的故事。

旅行家在旅行的时候，都会随时记录今天登上了哪座山，蹚过了哪条河，看到了什么新鲜有趣的事，等等。记录

❶叙述
　　介绍了羊毛在用热水洗后，纤维鳞片会缠绕在一起，不再保暖，交代了羊毛的特性。

这些事情的书就是一本旅游指南。

一本旅游指南会告诉你看到了什么，遇到了什么，会将一些新奇的知识告诉你。

我们前面所讲的知识，也可以当作家中漫游科学指南，当你在房间里探索的时候，不妨拿出来看看。

本站讲解了衣柜的大小、镜子的发展以及衣服保暖的原理，并介绍了玻璃镜子在其发展过程中的一段秘密；接着我们了解了衣服不会产生热量，反而是我们的身体温暖了衣服，穿几件衣服比穿一件衣服会更暖和；羊毛不能用热水洗等道理。

1. 法国人是如何留住四名威尼斯工人的？
2. 衣服具有产生热量的功能吗？
3. 多穿几件衣服会起到什么作用？

毛毡

毛毡，多采用羊毛制作而成，也有用牛毛或纤维通过加工粘合而成的。其主要特征是富有弹性，可作为防震、密封、衬垫和弹性钢丝针布底毡的材料。它是工业常用工具，多作为各种机械防振、吸油、包装等的材料。

第二章 奇妙之旅

  我们都知道水是生命之源，如果没有水，地球上的人、动物、植物都会焦渴而死，那么我们又是如何利用水的呢？与我们生活息息相关的皮鞋的制作过程又是怎么样的呢？大机器是如何运作的呢？下面就让我们一起走进《奇妙之旅》来感受一下这些奇妙的东西吧！

第一站　它们从什么地方来?

名师导读

在我们触手可及的地方,可以看到很多方便我们生活的物品,这些物品在几百年前是不敢想象的。它们的出现让我们的生活越来越舒适,可你想过它们的来历吗?

河水是怎么来到自来水管中的?

❶背景介绍
介绍了在自来水没有出现之前,人们用水极为不便,引出了下文。

① 在自来水还没出现的时候,人们要到井里或河里打水,非常不方便。自来水的源头在哪儿呢?大多数自来水厂的水取自河流。

我们知道,河流都远离城市,而且水平面比陆地要低,它怎么能流到几层楼高的地方供人们使用呢?

带着这些问题,我们就从自来水的源头开始说起。

大家知道,只要拧开水龙头,水管就会流出自来水,那么,水是怎么跑到这根管子里的呢?

在城市的郊区有一条河,紧挨着岸边竖立着一座几层楼高的塔。奇怪的是,这个塔上的窗户不是在水面以上,而是在水面以下。河水不分昼夜地通过栅栏流到这扇窗户里。

栅栏的网眼很细，为的是把水里生活的鱼、虾之类的水生动物阻挡在外面。栅栏后面还有一张网眼更小的网，就连最小的鱼儿也钻不过去。

如果我们做饭的时候，拧开水管，水管里流出许多鱼，这倒是个奇妙的现象。这省得我们到市场上去买鱼了，把水管里的鱼直接用锅接住，中午就能炖一锅美味的鱼汤。这个想法很奇妙，但现实中却不可行，因为鱼会堵塞水管，它是不可能从水龙头里流出来的。

再清澈的河水，实际上也是很脏的，里面有水草，有落叶，有动物腐烂的尸体。在塔的下面装上栅栏和网不仅是为了阻挡小鱼、小虾，更是为了阻挡这些脏东西。

塔边总是静悄悄的，很少有人光顾这里。偶尔，水上警察会沿着河岸走过来巡查，那也是维护河流沿岸的治安。

实际上，这片宁静的水域治安是非常严格的。

这里不许下河游泳，不许划船，不许洗衣服，也不许在沿岸放牧，甚至人们到这附近散步也不允许。

为什么要制定这么严格的保护措施呢？是为了加强河流的保护。

一条河有什么需要保护的？难道有人会偷河水？

❶当然不是。制定这么严格的保护措施，是为了防止水被污染。如果有人把脏东西扔进河里，污染了河水，最终会流到这座城市的每一个居民家里，会给人们的健康带来隐患。

人为的污染可以有效杜绝，但自然污染就需要人工干预了。比如说，河流在不停流淌的过程中，会把两岸的泥土冲刷到河中。你可以观察一下，春天的河水是不是显得特别浑浊？那是春天雨水增多，把许多脏东西冲进了河里。

❶叙述

彰显了人们对于水安全极为重视。

许多工厂会用到水,像炼钢厂需要用水来冷却钢材。大多数工业用水不需要特别干净,但是生活用水却必须保证干净。

塔里有台强劲的抽水机,它把抽进水塔里的水输送到净水站。叫它"站"非常贴合,因为水流到这里,就会暂时停下。

① 在河水从水塔到净水站的一路上,水流很缓慢。如果水流过快过急,就会把水中的泥土冲到净水站,而水流变缓就能让它自己有个沉淀的过程。

河水流到净水站的时候,要经过一个有两层楼高的沉淀池。水中的泥沙经过这里时,会进行再次的沉淀。

如果想让泥沙在这里沉淀的速度加快,还需要做一些人工干预。比如在水中加一些化学物质,这样水中就会产生大量的白色絮状物。你看那个沉淀池总是白花花的,像下雪一样。

白色絮状物比水的比重大,它会裹起水里的脏东西沉入水底。

水经过沉淀池,会更加清澈,但还算不上真正的洁净。如果只用肉眼来看,你会发现这里的水已经非常清澈透明了。但是很多时候,你会被肉眼欺骗。不信,你取一点水放在显微镜下观察,你会看到这些干净的水里还有许许多多的杂点,它们就是微生物,也就是细菌。

虽然河水一路上要经过栅栏、网、沉淀池的层层拦截,但是也只能拦住小鱼、水草、泥沙等这些肉眼能看到的东西,对于微生物,这些措施是无能为力的,而这些微生物恰恰是让人们生病的罪魁祸首。

把水中肉眼能看到的杂物拦下来很容易,小鱼、小虾、

❶ 叙述
交代了河水从水塔到净水塔的过程,说明水处理过程极为严格。

注释
罪魁祸首:作恶犯罪的头子;魁:为首的。

枯枝烂叶用栅栏和网就能做到；泥沙用沉淀池就能充分过滤。那怎么对付肉眼看不见的微生物呢？

还要用一道栅栏，但是这道栅栏就不能再用铁来做了，而是要用到小石子和沙子。

河水经过过滤和沉淀后，会流到一个敞亮的大厅里。这个大厅的地面铺着洁白的瓷砖，中间是甬道，两旁是许多方形的小水池。

水池底不是孤立的整体，它们之间有缝隙相连，水就是通过这些缝隙流过一个个小水池。小水池里铺着一层石子，石子的上面再铺上厚厚的细沙。水流过小水池的时候，要从细沙中穿过，细沙就会过滤掉很大一部分污泥和微生物。

但是，微生物可不想这么容易就败下阵来。对微生物来说，两粒沙子之间的空隙实在太宽敞了，它可以轻而易举地就钻过去。怎么才能把微生物有效拦截下来呢？

河水在穿过沙子间的缝隙时，会在沙子表面形成一层由细菌和微小藻类构成的薄膜，这层薄膜充满了沙子之间的缝隙，能把微生物拦下来。没想到，帮助人们清除水中细菌的竟是细菌本身。

整个过滤过程非常缓慢，你站在大厅里，听不到一点水流动的声音。水池里的水非常平静，水面看起来一动不动，就像是一潭死水一样。

这时，一个工作人员走了进来。他穿着干净的工作服，脚上穿着毡拖鞋——进门之前，他要把自己的鞋脱下，换上这种毡拖鞋，为的是保证这里的环境干净。

他一边走，一边观察着池子里的水，最后停在过滤口仔细计算水流的速度。① 如果水过滤的速度过慢，说明沙子里的污染物较多。这时他就会走到工作台前，按下一个按钮，

❶叙述
水过滤时，水的流速代表了它的干净程度，需要不停地调试，展现了工人对于水处理的重视程度。

一些管子就会马上关闭；同时，另一些管子就会打开。这样，水就不再流到这些杂物较多的池子，而是流到那些被沙子洗得干干净净的水池里。

从这些过滤池流出来的水，看起来更加清澈、透明。不过，作为饮用水，到这一步还不达标。

在净水站的化验室里，每隔一段时间就会有一些过滤后的水样本被送到这里检验。化验室通过精密的仪器对这些水样本进行检验，肉眼看不见的细菌在这里无所遁形。

一旦发现潜藏着特殊的"污染物"，化验师就会把这个结果告诉相关工作人员。

水上警察也会得到命令，他们会检查河道，看看什么地段的水源受到了污染。这些污染源可能远在几公里以外的地方，就算在河里洗过一件病人的衣服，饮用水源也会受到污染。

为了消灭这些有害且隐形的细菌，工作人员还要对水进行灭菌处理。通常他们会在水里放入一定比例的氯气进行消毒。氯是一种具有强烈刺激气味的气体，含有剧毒。但是少量的氯气对人体无害，从水龙头里接到的水，绝大部分氯气已经挥发掉了，此时已经闻不到任何气味。这些氯气已经足够杀死水中的细菌了。

①消毒是饮用水净化的最后一步，这时的水就可以饮用了。但是，它是怎么从水厂流到各家各户的呢？

水厂离城区还有很远的距离，而且城中有许多高楼，怎么把水输送到城市中的高楼上的呢？

水都是从高向低流，没有从低向高流的道理，这是由它自身重量所决定的。因此，不管小溪流向小河，还是小河流进大江大海，它都是从最高的山坡流到地势最低的地方。

但是，自来水管里的水却是由低向高流。它按照人们的

❶疑问
提出问题，为下文埋下了伏笔。

意愿流到需要它的地方，即使上百层高的楼照样可以上去。

① 如果单靠水自身的力量是办不到的，是人们给它加了一道推力，才让它轻松地跑到了高楼上。

净水站流出来的洁净水流到了下一站——抽水站。

② 在抽水站，有一台强有力的抽水机将水注入地下管道。这根管道很粗很长，一般都长达数千米。

水在水管里流动时，水管就像一条地下河的河床。到城市之后，水会分成几股，然后再流向更细一点的管子，从而流往各个街道。

抽水机给这些地下水加了足够大的压力，所以当你拧开水龙头，就会有水急促地喷涌出来。

如果抽水机坏了怎么办？是不是所有住户都要停水？

人们考虑到这个问题，所以为了防止机械故障，城市里还会建一个或几个储水塔。

你可能在城市里见过这种奇怪的建筑，一个又高又圆的塔上建有一间圆形的屋子。好奇的你，也许还想爬上梯子，到上面看看这间圆形屋子里装着什么东西。实际上，这间圆形房子是一间储水池，里面全是水。

之所以把储水池建在这么高的地方，为的就是让流出的水可以自己产生强大的压力，让它流到更高的地方。

这就是河水变成饮用水的整个过程，它在由河水变成饮用水的过程中，要清理掉鱼虾、水草、垃圾、泥沙、细菌等。流到你家的时候，它已经不再是真正意义上的河水，而是干净、透明的饮用水了。

它不再是桀骜不驯的河水，它不能由着性子沿着河道奔腾而去。它变得非常听话，不需要它时，它就安安静静地躺在储水池或水管里；需要它时，只需要拧开水龙头，它就会流出来。

❶叙述
引出对抽水站的叙述。

❷列数字
表现了抽水站威力巨大。

读书笔记

❶叙述
为了让水能够顺利安全地流入每一户家庭，需要各种监督检验，表现了水厂工作人员的尽职尽责。

① 让水变得这么听话，还真不是一件简单容易的事。在整个加工过程中，少不了水上警察对河道尽心尽责的保护，少不了化验师对沉淀水的严格检验。

工程师和管道工人还要在长长的管道之间，修建一些临时"休息"的小站。

有时候，自来水的水源并不是来自河里或湖里，而是来自地下。工作人员会在地面上钻一口很深的井，将地下水加工成自来水。地下水就蕴藏在由岩石、泥沙和黏土混合的地表下，它们已经经历了过滤的过程，相比河水要干净许多。抽上来之后，净化过程就要简单多了。

这些工作看似简单，实际上需要丰富的化学知识和熟练的净化技术。

现在你已经知道，我们平时生活中的自来水是怎么来的了吧？现在你轻轻一拧水龙头就能取到水了，然而实际上有许多人已经为此做了很多工作。

看不见的工人

有这么一位工人，大家都没有见过他，但是却对他非常熟悉。

早上，你需要他烧一壶水。

只需要几分钟，一壶热水就准备好了。

中午，你想熬一锅粥。

于是，你又用到了他，很快，一锅粥就煮好了。

有几件衬衣需要熨平，用他省时又省力。

晚上，天渐渐黑了，他把灯点亮，屋里立刻充满了光明。

客人走到门口，按一下按钮，它就让喇叭喊道："有客人来了，快快开门啊！"

有了他，我们的世界变得丰富多彩起来。他会唱歌，还会表演节目。

他真是生活中的好帮手，而且任劳任怨，只要你做出一个手势，他就乖乖地按照你的指示去做。

他不仅在家里帮你的忙，在街上，你照样离不开他。

你要去城市的另一端，如果靠步行的话，固然可以到达，但会让你花费很多时间。可是有了他，只需短短十几分钟他就能将你送达目的地。虽然他的手是无形的，但他却是最心灵手巧的技师：① 在建筑工地，他能搬运建筑材料；在工厂，他能切割钢铁；在面粉厂，他能将小麦磨成白面；在制鞋厂，他能帮助人们缝制鞋子。即使你累了，他也不会休息，不管白天黑夜，他都会随时等候你的吩咐。

说了半天，这个无所不在、任劳任怨、聪明能干、不知疲倦的工人到底是谁呢？他叫什么，来自哪里呢？

他就是我们再熟悉不过的电流，俗称电。下面我们就来了解一下他的身世吧。

② 首先，我们来观察一下房间里的电器，像电熨斗、电饭锅、电视机、洗衣机，虽然它们的形态不同，但它们却有一个相似之处。

不管它们个头大小如何，具有什么功能，它们身上都离不开一条长长的"尾巴"，这条"尾巴"就是电线，它的作用就是用来接通电流的。

找到一根没用的电线，小心地把外面的一层"外衣"剥开，你会看到在这层"外衣"里还有一些穿了"衬衣"的金属线，把"衬衣"剪开，你会看到电线最关键的部分——一束铜丝。这束铜丝就是电流的高速通道，电流就是通过它们传到家用电器里的。

❶ 排比

表现了"他"的功能非常多。

❷ 叙述

从我们熟悉的物品入手，由浅入深地介绍电的用途，体现了作者的用心。

铜线之所以加上胶皮"衬衣"，就是为了不让电流沿途溜掉。

如果你看到一根电线裸露出铜线，你可千万不要用手去触碰它，也不要拿着金属去接触它，否则电流就会传到你的手上，瞬间就会传遍你的全身，再传到地下，这一过程就是触电。<u>①触电是非常可怕的，电流虽然看不见、摸不着，但通过你身体的时候，会损害你的身体，严重的时候，会让人丧命。</u>所以平时一定要注意用电安全。

电流是从什么地方进入到电线里的呢？

事实上，电流要进入到电线，要走一段相当长的路。

家用电器对于电流要走的路程来说，只是一个小小的站点，从家用电器的插头插进插座的那时起，这个小小的站点就与整条电路上的电器连接起来了。连接它们的就是一条条电线，如果你平时注意观察，你会看到街上的电线进入家中的时候要经过一个电表，电表的旁边有一个瓷的保险盒。

电表是专门计量电量的工具，它的作用是计算电流流入家中各种电器的工作量。而瓷保险盒起到保护家用电器的作用，电器在使用的时候，会发生各种各样的问题，比如线路老化出现短路，如果不及时断电，强电流会对电器造成损害，严重的还会使电线过热而引发火灾。

当电线短路时，保险盒就会阻断电流，切断电源，保护家中的财产安全。

保险盒是怎么切断电流的呢？

原理实际上很简单。在保险盒里有一条纤细的保险丝，选用的是熔点较低的铅丝。当电流通过电线流进住宅时，它要先经过保险丝这一关。如果线路发生短路，家里的电线都会发热，保险丝很细，熔点又低，它会在第一时间熔断，这样，电流就被切断了。

❶叙述
　　展现了触电对人体的危害。

①保险盒像个负责的警卫，发生熔断的时候仿佛在警告电流："我让你们进来是负责电炉和电熨斗加热的，而不是让你烧着电线的，你想这么做，我可不答应。"

讲了这么多，电流究竟是从哪里进入住宅的呢？其实它是从地下进入住宅的。

生活中，在道路上，我们可以看到，大街上奔驰的汽车、有序的无轨电车和公共汽车都是在一条条道路上行驶的，如果没有这些道路，车辆就很难行驶了。实际上，在我们脚下还有许多我们看不到的路，它们一样繁忙，但我们并不一定知道。

在一条黑乎乎的管道里，来自自来水厂的水，正一刻不停地流动着，它流进每一座高楼，流进千家万户。人们打开水龙头，就能做饭、洗衣服、洗澡了。

同样在街道地底下，离自来水管道不远的地方还有一根更粗的管子，它是用来排泄雨水的泄洪道。

到了夏天，降雨量就会增多，有时短短几小时的暴雨就能淹没一座城市，让街道变成河流。②但是雨过天晴之后，同样很短的时间就能让街上的积水退去，水怎么退得那么快呢？

在街面上紧挨着人行道的一边，每隔几百米就会有一个镂空的格子板，板上的空隙很大，积水就是通过它流到地下的管道里，最终会流进河里。

在街道下面还有一种管道，它在源源不断地输送着一种燃料——天然气。我们在日常生活中离不开天然气，不管做饭，还是烧水，都要用到它。

天然气是从很远的萨拉托夫城的气田开采出来的，经过天然气管道，从遥远的伏尔加河输送到莫斯科。

在繁忙的莫斯科街道上，人和车辆川流不息。在人们看

❶拟人
　突显了保险盒的保险作用，保证了我们的用电安全。

❷疑问
　提出疑问，引发读者深思，从而增添了文章的吸引力。

89

不见的地底下同样非常繁忙，天然气、自来水等按照人们规划的线路各司其职，这其中还包括电流。和天然气、自来水、积水一样，电流也有自己专用的"管道"。和我们在家里看到的电线不同，这里承载电流的是像水管一样粗的地下电缆。电缆里有很多铜丝，这些铜丝被金属和柏油纸做成的材料紧紧包裹着，这样可让铜丝紧紧抱在一起，增强自身的韧性，防止损坏。

地下有不同的电缆，它们担负着不同的职责。一根电缆负责通话，能将人的声音传输到另一个城市；一根电缆负责传递电报；还有一根电缆用处更大，它负责输送电流，家家户户所用的电器都是这根电缆的终端，它照亮了房屋、烧热了茶壶，还带动了工厂里的机器。

那么这个"电流工人"是从什么地方来的呢？

相信很多人都知道答案：它来自发电站。电流自发电站诞生，然后沿着地下电缆输送到千家万户和工厂里，给人们送去光明和热能。

如果你有幸可以参观一下发电厂，你将看到一个又高又长的大厅，这比你见到的展览厅还要长。

在大厅的一边是一排整齐的炉子，它的样子和我们常见的炉子差不多，只是个头要大许多。①通过炉门可以看到炉膛里的火在熊熊燃烧着。炉子对面的一头，墙上是一排仪器，仪器上的指针来回抖动着。仪器的下面是一排按钮和阀门。

一名发电工人正背对着炉子，认真地观察着仪器上的指针，不时地去按按这个按钮，转动一下那个阀门。

阀门就像汽车的方向盘一样，只不过这部机器不会移动半步。发电工人"驾驶"的是什么呢？

原来他就是通过这部机器来控制火、水和空气的。

火焰在炉膛里欢快地跳跃着，火炉上的大锅里，水已经

---

❶环境描写

写进入大厅以后按照空间顺序，在不同的方位能够见到不同的设备。

烧得沸腾，鼓风机通过一根管子将空气吹进炉子里。

① 空气干什么用的？

为了使炉子里的火烧得更旺。

水干什么用的？

为了在锅里烧开。

烧开水用来做什么？

收集蒸汽，然后通过一根管子输送出去。

蒸汽用来干什么？

这个是问题的关键。源源不断的蒸汽通过这根管子送到另一间宽敞的大厅里，大厅里安装着一台巨大的蒸汽涡轮机。这台涡轮机的轮轴上，安装着几千个钢片做的叶片。

工人走到一根很粗的管子前，这根管子将蒸汽送往涡轮机。只见他缓慢地打开阀门，蒸汽飞快地沿着管子跑到涡轮机里，一进入涡轮内，蒸汽就遇到叶片的阻挡，冲过第一片叶片，接着是第二片、第三片……大量的蒸汽冲击着这些叶片，蒸汽打在叶片上，发出嗡嗡的声音。② 蒸汽推动着叶片，涡轮机轴开始旋转，随着蒸汽量的增加，轮子转得越来越快，涡轮机也开始发出轰鸣声。

大家都用纸做过风车，拿着风车奔跑，或者把风车迎着风拿着，风车的叶片都会快速旋转。

不过，纸做的风车不过是个玩具，不能替我们做任何事。但蒸汽涡轮机就不同了，它的轴和一台巨大的发电机连在一起。发电机里也有一个轮子，当涡轮带动这个大轮子转动的时候，它就会产生强大的电流。产生的电流经过处理输送到电缆，接着进入了千家万户。

现在我们知道电流是怎么产生的了，它是通过燃烧煤来烧热锅炉，锅炉产生蒸汽带动涡轮机，涡轮机再带动发动机，从

❶ 连续设问

介绍了空气、水、开水在炉子中的作用，引起了读者的兴趣。

❷ 细节描写

说明了涡轮机发出声音的原因。

而产生电流的。如果没有煤，发电厂是不是就没法儿工作了？

理论上好像是这样，但是别忘了还有水力发电站。① 它的原理是通过水的落差推动涡轮机的叶片，最后带动发电机发电。除了借助火力、水力发电之外，现在人们还能借助风力、太阳能、潮汐能以及核能发电。

❶叙述
介绍了水力发电的原理，并交代了各式各样的发电方法。

由玩具想到的

相信阅读这本书的读者都已经上小学或中学了，现在每天陪伴我们的不再是玩具，取而代之的是课本、练习册和各种文具。你有没有想过以前陪伴自己的玩具呢？

这些玩具可能都被父母放在不同的角落了，像柜子里最不起眼的一层抽屉里，你打开看看，说不定你以前爱玩的积木、陀螺、遥控小汽车等玩具就静静地躺在里面。

在这里，我要奉劝各位读者一句，要留着这些玩具，因为它们还有别的用途。

有时候，通过道理来解释很难理解，但通过玩具来解释就容易得多了。

你见过在大海上航行的轮船吗？

就算海上起了狂风暴雨，大多数轮船也能经受得住，即使摇晃得厉害，也很少有翻船的。

但是我们用纸叠的小船就不一样了，放在河里，小小的浪头都能把它打翻。同样是船，为什么纸做的小船抵抗力这么差呢？这是因为纸做的小船没有不倒翁的本领。

不倒翁有一项特殊的本领，那就是你无论用多大的力气推它，它晃几晃后，还是会稳稳地站在原地。

不倒翁的原理很简单：它的上部是空的，底部装了一块很重的金属，底部比上部重，所以它就能永远不倒。

制造船舶也用到了不倒翁的原理。①人们为了增强船的稳定性，在船的底部设计了一个底舱，在这里装上沉重的金属。比如小帆船，它的底部就用了厚厚的铸铁。所以帆船在海浪上再怎么起起伏伏，也不会翻。

在我们的玩具里，像不倒翁一样倔强的还有陀螺。当你把它抛出去的时候，它就会飞快地旋转，它在旋转的时候，总会用尖尖的一头着地。如果你轻轻推它一下，它会轻轻摆动一下，接着仍会挺直腰板，继续旋转，直到它停止旋转为止。

陀螺看起来除了旋转，并没有什么特殊的本事，只会毫无意义地转圈。

如果你这么认为，那就错了。②陀螺不仅受到了孩子们的喜爱，而且还引起了科学家们的关注。陀螺在旋转时不会倒向地面。这一特性使陀螺在科学上有很高的研究价值。为此，科学家们还专门以陀螺为课题写了许多相关的书。在这种陀螺原理的启发下，工程师们还研制出许多奇妙的机器和仪器。

还以轮船为例。在轮船的内部其实安装有一个巨型的陀螺，当陀螺旋转的时候，就能让轮船保持稳定，即使在风起浪涌的时候，轮船也不会发生剧烈的摇摆。

陀螺原理除了在海上能发挥作用，在陆地上也照样能发挥作用。有人发明了一种可以沿着单轨行驶而不倾倒的车厢。这也是一个在车厢里飞快旋转的大型陀螺发挥了作用。

在玩具堆里再找找，兴许你能找到一个生锈的铁环和一根小铁棍。

这个铁环也许陪伴着你度过了童年最美好的时光，多少次你拿着这根铁棍推着铁环在马路上不知疲倦地奔跑。如果让它停下，它立马就会翻倒。但是如果你拿铁棍推着它，只要力道合适，它就能一直向前滚啊滚啊。

❶叙述
介绍了人们利用不倒翁原理制造出了船的底舱，增加了船的沉稳性。

❷叙述
陀螺旋转所蕴含的原理吸引了科学家们的关注，科学家们还据此发明了一些机器和仪器。

读书笔记

在这个铁环上一样能找到与之相同的物理原理，以及由此设计的物品。

比如我们常见的自行车，你可以将它的轮子视作铁环。如果你不想让自行车翻倒，就只能不停地踩着自行车踏板前行。

① 在你的玩具堆里一定不会缺少上发条的汽车，它也很有趣，只要上足了发条，它就能向前冲。它一定也给你的童年带来过无尽的欢乐。这也是一个脾气倔强的家伙，如果是别人遇到障碍物，还懂得绕过去。可是它却不懂得礼让，即使遇到椅子腿，它也会横冲直撞过去，仿佛在说："快点让开，让我过去！"

② 椅子腿自然不会理会它的存在，仍在原地一动不动地站着，不肯做出一点点让步。椅子腿也是个摆设，它怎么能说走就走呢？

结果，汽车重重地撞在椅子腿上，撞了个仰面朝天。即使这样，它仍不肯停下来。它背靠地，轮子朝上，像甲壳虫一样发出嗡嗡的声音，轮子还在不停地转着，直到没了力气为止。

在一次"交通事故"中，汽车撞坏了一个轮子。发条也因为上的力道太足而绷断了。从此，它就被你丢弃在角落里。

即使如此，它也不是一无是处。现在你可以放心大胆地把它拆开，好好研究一下它内部的构造了。

大家知道，在日常生活中用到发条的还有钟表，所以钟表和这辆发条汽车是近亲。钟表之所以能够走动，也是靠发条驱动的。为了让钟表走得准，父母每天都会给钟表上足发条。发条也是一个固执的家伙，人们明明把它拧紧了，可它非要变回松松垮垮的样子。人们利用它的固执性格，给它安装了一些附带零件，告诉发条："你既然想松开，那就随便好了，不过你得替我做件事情。这些齿轮交给你了，你在变

❶拟人

表现了玩具汽车给孩子带来的欢乐。

❷拟人

表现了椅子腿态度的强硬。

读书笔记

松的过程中，得让它转动起来。"① 发条与一个齿轮相连，可是这个齿轮又咬合着其他几十上百个齿轮，最终带动钟表上的指针，给我们提供了准确的时间。

在这些玩具里，还有一个皱巴巴的橡胶口袋，如果给它吹满气，它就会变成另外一副样子——气球的样子。

你还记得谁给你买的气球吗？

有一天，父亲带你去公园玩。在公园门口，你们遇到一个卖气球的商贩，他的摊位上飘着几个五颜六色的气球。你挑来挑去，最终挑了一个最漂亮的气球。爸爸把系气球的绳子系在你的衣扣上，这样它就逃不掉了。

回到家，你解下气球上的绳子，它一下就挣脱了你的手，飞到天花板上才停下来。

于是，你只能踩着一把高脚椅才把它抓住。

到了晚上，父亲让你把气球绑在窗外的护栏上。可是第二天，你从窗外取回气球的时候，发现气球变小了，而且也飞不起来了。你一撒手，它就会像个皮球一样，掉在地上，弹几下就不动弹了。

接下来的时间，它越变越小。可能当时你还不明白，为什么原本可以飞的气球，最后只能软趴趴地待在地上？

现在你长大了，也明白了其中的原理。

尽管人们叫它气球，实际上，它里面充的并不是空气，而是比空气更轻的气体。② 因为它里面的气体比空气轻，所以才能飞到天空。当这些气体悄悄从气球里溜走的时候，气球也就失去了飞的能力，而且还越变越小，最终变成皱巴巴的橡胶口袋。

气球不仅可以用来做玩具，还能用来做实验。科学家会在气球上系一个盒子，盒子里装上仪器，把它放飞到天空。

❶列数字

具体准确地介绍了发条的工作原理，由齿轮带动指针，为人们提供了准确的时间。

读书笔记

❷做比较

突出了气球里的气体质量轻的特点，解释了气球往上飞的原因。

❶叙述

说明气球不仅是玩具，还是科学家们做实验的好帮手。

① 气球飞啊飞啊，它飞得越来越高，几分钟后，就从我们的视野中消失了。

而科学家这时正坐在实验室里，通过挂在气球上的仪器，获取气象信息，比如空气中的温度和湿度。

气球放飞后，会一直上升，升到鸟儿都飞不到的高度。那里的空气非常寒冷，而且空气稀薄，任何生物在那里都无法生存。

好在仪器并不需要氧气，所以仪器飞得再高，也不用担心它的生存问题。

❷设问

通过设问，强调了气球上升的高度也有一定的局限。

② 气球能一直不断地上升吗？当然不是，当它飞到一定的高度时，它就会爆炸。盒子从那么高的地方掉下来会不会摔坏？不用担心，科学家早就想好了解决办法。

在这个盒子里，还装着一把小小的降落伞，当盒子自由落地的时候，降落伞会自动打开，保护仪器完好无损地降落在地面。

有时，这个盒子会掉到荒郊野外，遇到人们到那里打猎或采集野果，这个盒子就会被他们捡去。当他们好奇地打开盒子时，就会看到盒子里的小纸条，纸条上会写明这是用来做什么的仪器，上面留有地址，让捡到的人将盒子送到或寄到实验室。这样，仪器就可以平安地回家了。

❸叙述

说明气球不仅能载物，而且还能把人载到天上去。

③ 除了小气球，还有一种特别大的气球。这种气球更加神奇，不仅自己能升到高空，而且气球上还有一个吊筐，人们坐在吊筐里，能跟它一起飞到天上去。

在抽屉里，你又翻到了一个断了翅膀的风筝。

这个风筝还是你自己做的呢。骨架是用细竹子绑成的，上面糊了一层纸，画着灰熊的图案。

还记得你第一次放飞风筝的情景吗？你负责拿着绳子在前面跑，你的同伴负责拿风筝。

你没有经验，一开始，风筝怎么也飞不起来，每次都一头栽倒在地上。费了好大劲，你们终于把风筝放上天空了。

风稳稳地托着风筝，你慢慢地松着手里的绳子，风筝越飞越高。你时而松松绳子，时而往回拉紧绳子，你和同伴开心地笑着，这毕竟是你亲手做的风筝，你把它送到天空上了。

①和气球一样，风筝也帮助人们做了很多事。人们在风筝上绑上专门的仪器，然后放飞到一定的高度，仪器在天上就能记录下许多气象信息。

当风筝被收回来时，人们根据仪器上的记录，就能知道当时的气象参数。不过，这还是在无线电发明前的记录方法，现在已经没人用这种方法了。

风筝最大的贡献莫过于启发人们研制了飞机。

爱动脑筋的人发现，风筝比空气重，却能平稳地在天上飞。那么风筝能飞的原理是什么呢？

人们边思考边做实验，最后做出飞行器的样品，终于，滑翔机诞生了，接着人们又研制出飞机。

滑翔机和飞机很像，都有两个翅膀。但不同的是，滑翔机没有动力装置，它的飞行要受风的限制，如果没有风，它就会从天上掉下来。

而飞机不一样，飞机有自己的发动机和引擎，风力对它影响不大。如果说有影响，那就是风力太大的情况下，会对飞机的飞行安全造成影响。

积木是孩子们必不可少的玩具之一。我相信，你小时候也常常用它堆砌自己的宫殿。

你一拿到积木，就迫不及待地建起了房子，可是它很不听话，很容易就翻倒了。这是为什么呢？这是因为你常常放错了顺序，把大块的积木放在小块的积木上了。

❶叙述
　　风筝和气球一样，不只是玩具，也能为科学研究做贡献。

读书笔记

后来，你终于找到了窍门，搭积木的技术也越来越熟练，就算一口气搭一座漂亮的房子，积木也不倒了。

因为这时你已经知道怎么才能让它保持平稳。

而建造真正的高楼大厦，首先考虑的也是稳定性。可以这么说，小时候没有玩过盖房子游戏的人，几乎成不了优秀的建筑工人。

除了我们提到的这些玩具外，还有一些你亲手做的玩具，还有一部分玩具早已经被当作垃圾丢弃了。

还记得你曾用纸做的风车吗？把风车折好，用一根铁丝把风车穿起来拴在木棍的一端，风车就做好了。

读书笔记

拿着它用力一摇，风车就转起来了。

前面我们讲过的蒸汽涡轮机，以及磨坊上的大风车，都是利用风车的原理来带动机器的。我们的玩具原来还蕴藏着大智慧呢。

你再找找别的玩具，看看能不能从它身上再找到别的启发。

家中的机器

说起机器，读者朋友们一定会首先想到工厂里轰鸣作响的机器，实际上，你在家里也能随处看到机器的影子。

比如妈妈最喜欢的缝纫机，它是缝补衣服的好帮手。

妈妈踩着缝纫机发出规律的"嗒嗒"声，说不定你还有听着这种声音入睡的经历呢。① 有时它会突然停下，不一会儿又开始转动，而且节奏比之前快了不少。忽然的安静让你醒过来，随着缝纫机再次转动的声音，你又睡着了。

❶叙述
说明当时缝纫机与人们的生活息息相关，为下文做了铺垫。

第二天上学时，妈妈为你缝制好了新衣服。看来，缝纫机的用处可真不小呢，如果手工去缝，你要晚好几天才能穿上这件衣服呢。

对于妈妈们来说，缝纫机解放了她们的双手，让缝制衣服不再困难。可对发明缝纫机的人来说，他要解决许多你想象不到的困难。

①缝纫机内部是由许多杠杆和齿轮组成的，只要踩下踏板，踏板上的杠杆就会转动机器内部的齿轮开始活动，各个部件像灵巧的小手，相互协调配合。

②光亮的梭子更加有趣，它像一只小船似的，在杠杆的推动下来回跑动，它里面装着一个线轴。

针和梭子相互配合，它们各用一根线来使两根线绞在一起。

在缝纫机工作时，你很难看清它是怎么工作的，因为它的缝合速度实在太快了。

不过，如果你仔细观察，还是能找到它的规律。

针把布扎透，带着线穿过去。

然后，针带着线退回来，但在布的下面留下一个线圈。

如果没有梭子，针做的就是无用功。它只是带着线头在布上扎出一个个针孔。

这时，梭子就派上用场了，它的作用就是阻止针把线圈拉回去。

针在布下扎出线圈的时候，梭子同时拖着一根线从线圈穿过去。这根平行的线拦住线圈，针上的线就固定在了布上。

针飞快地上下移动着，针上的线和梭子上的线紧紧绞合在一起。同时机器上的几个小齿推动着布缓慢移动，于是布上就留下均匀的针线孔。

这就是缝纫机的原理，讲起来很简单，但要让机器协调运转起来，那是非常难的。

③在制衣厂里，缝纫机的种类很多，它们各司其职，有

❶叙述

介绍了缝纫机的工作原理，将内部的小零件比喻成小手，体现了缝纫机的精巧。

❷比喻

梭子在杠杆的推动下来回跑动，突显了它的灵活。

❸排比

讲述了不同机器具有不同的作用，展现了它们各自的功能。

缝衣服的，有锁扣眼的，有缝裤腿的。

除了缝制衣服的机器，还有缝制皮袄的机器、缝制皮鞋的机器、缝制面粉口袋的机器。

这些机器的原理大体相同，不同的是，家里的缝纫机是用手或脚来驱动，而工厂里的缝纫机是用电来驱动。用电来驱动缝纫机，能减轻工人的劳动强度，使工作效率大大提升。

缝纫机是家中最容易找到的机器，但它不是家里唯一的机器。

①吸尘器也是一部机器。它长相怪异，有一个大大的肚子，拖着一条长长的尾巴。吸尘器工作时，会一边行走，一边用尾巴一样的管子把灰尘吸得干干净净。

吸尘器在运转的时候会发出很大的轰鸣声，那是它内部的风扇快速转动的声音。只有管子里的风扇快速转动时，管子才会有力气把灰尘吸到肚子里。空气随灰尘被吸入吸尘器，里面的过滤网会将灰尘拦下，把干净的空气排出去。

当然，如果你有时间，完全可以用鸡毛掸和扫帚来做这些清洁工作，而且这种清洁方式已经有很长的历史了。

但有的家庭和宾馆地上会铺有地毯，地毯上的灰尘不像地板上的那样容易打扫，这时吸尘器就能大显身手了。

地铁里的清扫工作也要用到吸尘器，那里的吸尘器个头更大，发出的轰鸣声也更响。它经过的地方会打扫得干干净净，不留一点灰尘。

家里还有什么机器呢？

有的家庭还会用到一种叫"打字机"的机器。操作这种机器，要学会怎么使用，所以有人会问："你会使用打字机吗？"

在没有打字机的时候，人要用笔写字，但是写一手好字并不容易。不信你看看同学们的作业，是不是字体大的大，

❶拟人
采用拟人手法，介绍了吸尘器工作的样子，突出了它给人们带来的便利。

小的小，排列起来高高低低，很不整齐？

如果用打字机，这些问题就很好地解决了。每一个字大小都均匀，每一行字都整齐划一。

它们就像接受检阅的部队士兵。

①用笔写字时，要一笔一画地写，用打字机是一个字母一个字母地敲在纸上。打字机会自动挪动纸张，当一行写完了，它会自动报警，告诉操作者应该换行了。

如果你家里正好有一台打字机，相信你已经认真研究过它的构造了，你看过轴辊如何移动，看过字键怎么把字母印在纸上。

你可能会有疑问：②"打字机的轴辊是被什么驱动的呢？"

我们知道，汽车需要发动机驱动，钟表需要发条驱动，打字机的动力来自哪里呢？我们只要用手指按下字母键，然后轴辊就自动敲过去了。

事实上，打字机也有发条，而且和钟表里的发条很像。有了这根发条，你能不太用力就把字母印在纸上。

打字机敲出的字虽然工整，但是它毕竟是机器，也会犯错。错误多半来自操作者，如果你按错一个字母，它也会跟着把错的字母印在纸上。

还有，虽然它打字很快，但由于不懂语法，所以时刻离不开人的操作。

现在，你到厨房看看，在那里，你能看到两种计量仪器。它们不像打字机，它们完全是自动的，而且计量准确，不会出错。

它们是电表和天然气表，一个负责计量用电量的多少，一个负责计量用气量的多少。

当你打开电器或打开燃气灶，它们就会自动工作，不需

❶动作描写
通过动作描写，展示了打字机是如何工作的，体现了它的便利性。

❷疑问
巧设疑问吸引读者，并引出下文。

读书笔记

要人的干预。

如果你走近电表,侧耳仔细听,你会听到电表里发出的微小的嗡嗡声。这是电表里的电机工作时发出的声音。透过电表前的玻璃窗,你能看到有个轮子在旋转,轮子一侧有个红色的标记。你打开的电器越多,这个轮子旋转得越快,也表明内部的电机转动得越快了。

电机每旋转一定的圈数,电表上的数字就会增加一个刻度,这表明你家的用电量又增加了一度。

天然气表又是怎么工作的呢?

① 我们难以看到天然气表的内部构造,它看上去就是个非常厚实的铁疙瘩。天然气表的四周非常严实,这么做是为了避免天然气泄漏,杜绝安全事故。

② 和电表一样,天然气表的一侧也有一个玻璃窗,能看到几个印着数字的圆盘和指针。燃气灶打开的时候,圆盘就会转动,指针会指明你家使用了多少方天然气。

指针靠什么移动呢?

如果能找到一个废弃的天然气表,打开它,你就能看到它内部的构造。在这个铁盒子里有两个像手风琴一样的口袋,天然气从管道流经这里时,两个口袋就会交替鼓起来,同时指针就会跟着移动。

我们前面多次提到过钟表,知道它里面有一根发条,用发条带动齿轮来计算时间。

还有一种钟表,它的前面垂着一根长长的钟摆,如果没有这根钟摆,发条就会很快变松。

钟摆摆动时,每摆动一次,都会把齿轮的转动挡住。为了实现这个目的,钟表里要安装一个像锚一样的薄片零件,这个零件叫"锚形爪"。钟摆摆动的时候,它也会跟着摆

❶叙述

　　介绍了天然气表的样子,展示了它的安全性。

❷叙述

　　交代了天然气表的工作原理,展现了它给人们带来的方便。

动。来回摆动时，锚形爪上的钩爪会左一下右一下地挡住动轮，让发条不能一直转下去，每次只能转一个齿。

钩爪挡住的齿轮为什么叫动轮呢？因为钟表里所有的齿轮都是靠它运转的。

人们随身携带的怀表就用不着钟摆，它内部有一个小轮子，小轮子上卡着一根头发丝一样细的弹簧。当弹簧一紧一松时，小轮子就和它一起转到两边。这样，连接着小轮子的锚形爪就开始摆动，同时一下一下地挡住动轮。①表里发出的嘀嗒声就是这么来的。当钟表发出"嘀"声时，说明锚形爪用右面钩爪卡住动轮了；如果发出的是"嗒"声，则说明是左边的钩爪卡住动轮了。

表的作用很大，如果生活中没有表，我们上学就会迟到，上班可能会早退。想看一场电影时，等你到电影院，说不定都已经散场了。

如果没有表，社会秩序就会混乱：火车不按时刻表发车，工厂里的机器不按间工作，一切都混乱了。

②如果时间没了标准，我们的世界就会发生巨大的灾难，也许这种灾难是你无法想象的。小小的时间对于人类来说至关重要。

随着平淡的嘀嗒声，我们会静静地走完一生。

有了闹钟，我们每天就能按时起床。

深夜里，电台播放克里姆林宫的钟声时，我们已经进入梦乡。

表是让我们计时的工具，同时让我们懂得了时间的珍贵。钟表上的指针每跳动一次，说明我们拥有的时间又缩短了一秒。

如果你能认识到时间的宝贵，平时就应该珍惜时间，能

❶叙述
说明了怀表里发出的"嘀嗒"声是怎么来的。

❷假设
通过假设，彰显了钟表等计时器的重要性。

用两分钟做完的事，争取一分钟把它做完，当然，这是在保证质量的前提下。如果你每天都能节约一点时间，你一生有效的时间就会比别人多出许多。

如果每天都节省一定的时间，一年就能多凑出一个星期，甚至一个月的有效时间；如果每年都这么节省，几年下来，你就能省出半年的有效时间。这么一来，你的一生将能多干多少事啊。

❶ 叙述
　　告诉我们需要珍惜时间的道理。

① 如果这个社会上的每个人都能懂得时间的珍贵，把这些时间和精力投入到国家建设中去，我们国家的建设步伐将会更快。这样一来，我们国家将会比其他国家更具有竞争力。

❷ 设问
　　通过设问，引出后文对各种机器的介绍。

② 现在，你把身边能想到的机器都想齐了吗？不，还没有。

还有一种能让你感觉地球变小的机器。

你坐在家里就能和地球另一头的朋友聊天。

或者在千里之外的音乐厅里正举行一场音乐盛典，而你在家里就能同步聆听。

你猜到它们是什么机器了吗？

没错，它们就是电话机和收音机。

读书笔记

你是不是很好奇这两种机器的内部构造？想迫不及待地把家里的收音机拆开看看？不，你年纪还小，还需要掌握更多的科学知识，才能明白它们工作的原理。它们工作的原理在你们升入中学的时候自然会学到。

在你使用电话的时候，要先与电话局的交换机连接，然后交换机再把你和你朋友之间的电话信号联在一起，这样，你们就能通话了。

收音机的全称是无线电收音机，你之所以能通过这个匣子听到广播，是因为有个无线电台在为你工作。无线电台将声音信号转化成无线电信号，当收音机收到这个频段的无线电信号时，就会将它转换成优美的声音。

大工厂里的机器

你知道你平时玩的玩具，家里使用的各种用品是从哪里来的吗？

你知道汽车、火车、飞机、电话是从哪里来的吗？

你一定会说是从工厂来的。

没错，即使是制造一件很简单的物品，也要依靠工具的帮忙。①没有锯和刨子，我们就做不出样式美观的家具；没有复杂的机床，汽车和火车就制造不出来。

❶叙述
体现了这些工具的重要性。

在任意一个木工匠铺里，锯和刨子是最基本的工具了。但是你要想知道汽车和火车是怎么制造的，就得去工厂看看。

如果你有机会走进汽车制造厂，你将会看到许多从未见过的神奇机器。

在这里，你一定会对一把特大号的剪刀感兴趣。它比我们日常见到的剪刀大太多了，但它的本领也比普通剪刀强得多。坚硬的铁皮在它看来就是一张纸，它能轻易地将铁皮剪出你想要的形状。

工厂里还有一个奇怪的锤子，它自己一上一下地敲打着，锻工只需要在一旁看着它，干起活儿来省时又省力。

这里还有一个奇怪的炉子，炉膛里的火熊熊燃烧着，与我们平时见到的炉子不同，它能自动地开关炉门。②炉子上有两盏显眼的灯，是红、蓝两种不同的颜色。当蓝灯亮起时，说明炉内温度低了；如果红灯亮了，说明炉内温度高了。

❷叙述
讲述了不同颜色的灯代表不同的炉内温度，因此提高了工作效率。

有了这些机器，工厂就能提高工人的工作效率，同时降低工人的劳动强度。

当我们要将一个重物从楼上搬到楼下时，只要准备一条倾斜的路，让它自上而下滑下去，就能节省很多力气。当它滑到下面，还有一排小滚轮拼成的路，你只要推动它，它就能在这种滑道上轻松地向前滑行。

工人要搬运笨重的东西，会使用一种电动的小货车帮忙。

女工就能完成这项工具，她坐在驾驶舱里，不时转动一下手柄，这样，电动小货车就能把货物运到指定的地方。

相信你也可以做到，因为这不需要多大力气，而且你会喜欢这项工作的。

在汽车制造厂，你能见到许多有趣的事，就连工厂也很有意思。

① 汽车工厂通常是一个非常宽敞的大厅，大厅里摆放着一些各种用途的机床。这些机床很大，大多机床比人都高，它们整齐地排列着，像城市里的一座座楼房。人的双手虽然很灵活，但比起这些机床来，要逊色得多。

这些机床连在一起，机床中间的通道，就像我们城市的街道。许多成排的零件就在这条"街道"上移动着，它们是组成汽车的各个部件。有的部件被电动小货车运走了，有的部件转到小滚轮拼成的路上，有的顺着斜坡向下滑行。

部件以各种路径集中到机床车间，在这里，工人要对它们进行加工，有的需要刨平、有的需要车圆、有的需要抛光。每台机床都有一名专业的工人操作，他们各司其职，有条不紊地工作着。

工人按下按钮后，机床就得到了工作的指令，它用有力

---

❶ 比喻

形象地展示了机床的整齐与高大。

注释

有条不紊：形容有条有理，一点不乱；紊：乱。

的爪子抓起零件，让它动弹不得。然后，钢钻开始工作，只用几秒钟的时间，零件上就被钻出几个大小一致的圆孔。

工人按下另一个按钮，钢钻头离开零件，机床上的爪子把零件放回"道路"上，机床又开始加工另一个零件。

就这样，零件一路走着，每经过一个机床，它都会改变一点形状，最终从一块金属变成了一个汽车零件。

这些机床非常精密而且复杂，要操作它们，需要娴熟的技巧。零件都是按照图纸设计的标准加工的，它的误差直接关系到一辆车的质量，所以不允许一丝一毫的误差。而且速度还要快，否则就会影响到整车的安装进度。

这里汇集了全国最出色的技工，他们能保证每一个零部件的质量。

将各种成形的零部件拼装成汽车，与你们玩过的搭积木的原理相似，只不过这个过程要比搭积木复杂得多。

组装汽车要用到一条传送带。

这条传送带是钢制的，传送带下有许多直径、转速一致的滚轮，当这些滚轮转动的时候，传送带也会跟着向前移动。

我们生活中的道路是不动的，而道路上面的汽车却在奔跑。汽车厂的这条传送带，也可看成是一条"公路"，不同的是，它和传送的东西一起移动。

在传送带的起点，工人会放上汽车的内框，它相当于人类的骨骼，这时它还看不出汽车的样子。

内框会跟着传送带经过一个个装配点，每个装配点放着不同的零部件。有的工人给它装上前轮，有的给它装上后轮。接下来是方向盘、发动机，每装上一个零部件，它的样子就更接近汽车。一旦它走到传送带的尽头，就意味着一辆崭新的汽车就要诞生了。

走出装配车间，再喷过漆，这辆新生的汽车就可以走出汽车工厂的大门，开始天南地北地驰骋了。

① 人们在研制每一部机器前，都要做很多研究、设计工作。一旦这部机器研制成功，它就能为人们带来很多便利。它灵巧、敏捷，而又很少出错，它是多好的帮手啊！

② 每一种机器的发明，都离不开发明者的辛勤汗水和聪明才智，他们花费大量精力和时间，为的就是把人从劳累的工作中解放出来。

但需要强调的是，机器再好，也要人的操作；机器再怎么聪明，也没有脑子，它还是要按照人的指令进行工作。

对不熟悉这种机器的人来说，再好的机器也是一堆废铁，但对熟悉它的人来说，它是最好的帮手。

如果机器能像人一样会思考、会说话，汽车、火车等各种机器就能向你讲述每一个小零件的故事，告诉你它们是怎么从一个个不起眼的原材料，经过工厂的加工，变成有趣的零件的。它们还会告诉你，工厂的工人是如何工作的，最后又是怎样将机器的零部件拼合在一起的。

看看你身边的物品，每一件都是伟大的劳动者的杰作。这些劳动者来自各行各业，有科学家、发明家、工程师，也有普通的工人，甚至是农民。③ 铁、木头、黏土、玻璃、谷物、棉花、皮毛、皮革、橡皮这些原料，经过他们灵巧的双手，就会变成茶杯、碟子、面包、外衣、皮鞋、衬衣、桌子、椅子、书籍、房屋、汽车、机床……

这些原材料的每一次变化都是一个奇迹，但是，奇迹不是平白无故就会发生的。钢材变成汽车，木材变成书本，黏土变成瓷器等都需要用到很多科学知识。

汽车、飞机、练习本、瓷茶杯、电话机、机车、起重

❶叙述
介绍了研制机器的过程。

❷叙述
讲述了机器对于人的帮助。

❸列举
通过列举说明人们可以将不同的原料制作成不同的物品，体现了人类的智慧。

机、剪钢铁的剪刀等都是劳动人民用知识和劳动制造出来的。

如果你看到一部灵巧的机器，在赞叹它出色的性能时，也不要忘了称赞为了研制它而付出巨大心血的发明者。

衬衣和皮鞋

好奇心是每个青少年的天性，看到新鲜的事物能虚心求教是一种好习惯。

有些问题很好回答，比如家具是木材做的，轮船是钢材做的。

但有的时候，做成的商品和做它的原料从外观上发生了质的改变，比如瓷器是黏土做的，如果你在不知道它们之间的关系前，一定不会想到它们之间会有联系。但是，黏土做成瓷器需要大量的工作。

云杉和书本外观上也完全不同。如果说，妈妈好看的绸衣和书本是一种原料，都来自云杉，你一定会非常吃惊。

再看看你的套鞋，你一定想不出它和云杉有什么关系。因为你一定想不到它是云杉的锯末经过加工变成酒精，然后再变成橡胶，最后变成你脚上的鞋子吧！

当然，我们还能通过橡胶树或其他一些植物中提取橡胶，而绸衣也可能由蚕丝做成。

在一些工厂里，你能看到煤或石油经过加工做成塑料颗粒，塑料颗粒再经过加工变成电话机、盆子、纽扣、玩具等各种各样的东西。你还会见到用木头或石油做成的人造皮革，以及用凝乳做成的人造羊毛。

你观察一下与你最贴近的东西，比如衬衣，再没有比它更贴近你的东西了。你知道衬衣是什么做成的吗？

风衣、袜子、手套这些物品可以在冬天为你们抵御寒风。你有没有想过它们是从何而来，又是什么做成的呢？越是平日常常用到的物品，我们越是不思考它们的来历……现在就让我们了解一下它们的历史吧。

① 在远古时期，人们还过着野人般的生活。那时的人们都生活在山洞或窝棚里，用兽皮缝制衣服，缝制衣服用的针是动物骨头磨制的骨针。

我们在家里也能找到针和布料。

不过，这些东西出现的年代却相差甚远。骨针在远古时期就已经出现了，但从用兽皮到用布料做衣服，两者之间相隔了不止千年。

做布料，首先要有线，而做线就得有羊毛。

绵羊是人类驯服的家畜之一，后来人们意识到为了取它的毛皮而杀它和杀鸡取卵无异。杀掉绵羊获取毛皮是一次性的，如果剪羊毛用的话，每年都能剪一次。有了羊毛，就能纺成线，有了线，就可以做成布料，再加工成衣服了。不知道你有没有在乡下见过妇人们用纺织机纺线。

她们从一堆羊毛里拉出纤维，然后用手捻紧，缠在中间粗、两头细的纺锤上。

纺线时必须捻紧，这样才能让线有韧性。如果松松垮垮的，纺出来的线就很容易断。

纺线女工边转动纺锤边把线缠上去。

工厂里的纺锤，现在叫锭子。原始的纺线机，现在只能在古董博物馆里才能看到。

这种纺织机结构非常简单，先用四根木棍做成一个木框，然后把纵线绷紧在木框上，然后再将横线穿过纵线，这样就可以织布了。

用线织布和用麦秸编篮子的原理是一样的，它们都是用一根经线和一根纬线相互交叉在一起编织出来的。

❶叙述
　　讲述了远古时期人们缝制衣服的过程。

读书笔记

读书笔记

你也可以试着做一台织机。找一张四条腿的凳子，把它翻过来放在地上，把细绳在两条横木间绑紧，这就是纵向的"经线"，然后再把横向的"纬线"从经线中穿过去。在穿的过程中有一步很重要，第一次穿纬线时，要把奇数的经线挑起来；第二次穿纬线时，要把偶数的经线挑起来；这样重复下去，直到一匹布织完。这就是织布的工序。

你拿一个放大镜观察一下布的纹路，你会看到一根一根的经线和纬线是呈十字交织在一起的。

当然，纺织厂里就不能用这么简陋的工具织布了，而是用电力驱动的织布机来工作的。

①现代化的织布机，两头各有一根很大的轴，一个轴上卷着线，另一个轴上卷着织好的布。

轴上卷的线可认成是"纬线"，而负责穿插"经线"的是梭子，它快速地来回穿插着。当梭子上的线用完，机器就会自动换另外一个梭子。如果织布过程中线断了，机器就会停下来，纺织女工负责把断线头接上。

纺织厂熟练的女工，一个人就能同时看管十台纺织机。她们会因为每天能纺织出大量的布匹而感到自豪。

为了供应织布机所用的线，纺车也开足马力在纺线，同样，它们也不再需要手工劳动了。

②在这里，羊毛、亚麻、棉花、蚕丝经过几道工序，都改变了原来的模样，最终变成各种不同图案、不同厚度的布料。

看看你穿的衬衣，知道它是什么材料做成的吗？衬衣通常是由棉纱做成的。

③棉纱又是从何而来的呢？

在我们国家有这样一个地方，那里夏季很长，阳光充

❶叙述
讲述了现代织布机的样式，与古老的织布机形成对比，从而展示了织布机的发展进程。

❷叙述
介绍了不同的材料经过加工会织成不同的样式，体现了它们自身的特性。

❸疑问
巧妙设置疑问，引发读者深思，并引出下文。

足，很适合棉花的生长。棉花是一种神奇的植物，它开花结果后，它的种子就藏在花里面。等棉花的果实彻底干燥后，它的种子就包裹在棉花之中。棉纱就是用棉花做成的。

棉花是怎么变成棉纱的呢？

第一步要做的就是把棉绒和种子分开，再把棉绒理顺。

在理发店里，美发师会用梳子给你理发。在纺纱厂里，要用一种特殊的刷子或梳子把棉绒理顺。

说它特殊，是因为它和我们见到的梳子不一样，它是由钢丝制成的。梳理棉绒的也不是人，而是机器。

棉绒梳理整齐后，会通过一个圆孔，这时它就会变成一根粗松的棉绳。它很松，一扯就断，现在它还不能用来纺线。

工人把几根棉绳并拢在一起，再用机器把它们拉成粗细均匀的线绳，经过这一步，棉绒就变成了纺条。

纺条还不能用来织布，因为它还不够结实耐用，还要用一台机器把它捻成细线。一台机器上有几千只锭子在飞速地旋转着，捻成的细线被缠绕在一只只锭子上。① 这种机器的噪音很大，当它工作的时候，整个车间里都是巨大的轰鸣声，像热闹的蜂房一样。

加工好的线锭会送到织布厂里，在那里，一根根细线会被加工成布匹。

这种线锭织出的布并不美观，它的颜色是淡黄色的，一点都不讨人喜欢。如果用它做衬衣，相信没人会买。为了让布更漂亮，还要给它"美容"。因此，它要经过下一道工序——送到印染厂加工。

② 发黄的布匹运到印染厂后，首先要经过漂白，这样一来，布匹就显得洁白漂亮了。然后再经过印染机在上面印上彩色的条纹和图案。印染厂有许多艺术家，他们就是专门为

---

❶比喻

写出了机器工作声音很大的特点。

❷叙述

发黄的布匹经漂白后被印上美丽的图案，展现了印染技术的进步。

布匹设计图案的。

和印刷厂在纸张上印制图案所用的机器不同，印染厂的机器用的不是平板，而是滚筒。

就像用擀面杖擀面一样，这个滚筒上刻有图案或花纹，它沿着布不停地滚动着，布匹从机器里出来，就印上漂亮的花纹了。

印染好的布一部分进入制衣厂，一部分会进入商店。人们在商店能买到各自喜欢的布料，带回家后就可以用它做成漂亮的衣服了。

如果你的衬衣和你妹妹的裙子是一种颜色和花纹，都是蓝色的条纹，那说明你的衬衣和她的裙子都是来自同一批布料。

现在你知道衬衣的加工过程了。我曾在一本书上看过这么一句话：衬衣生长在地里。仔细想想，这句话也没错，因为做衬衣的原料是棉花，棉花正是长在地里的。

冬天，我们都喜欢穿毛皮大衣，讲完衬衣的加工过程，现在我们来了解一下用皮革做靴子的过程。

用动物的毛皮做衣服自古就有，但是现在和从前的做法却大不相同。

① 你冬天戴的皮帽和大衣上的毛领子都是兔皮做的，它们的做法比较简单。再看你脚上穿着的皮靴，它的加工过程要复杂一些。

皮靴和你戴的皮帽来自不同的动物，皮靴是用小牛皮或羊皮鞣制而成的。

兽皮是怎么做成皮革的呢？我们知道，毛皮和皮革外表上有明显的区别：毛皮外面有一层毛，皮革却一根毛都没有。

直接从动物身上取得的兽皮晾干以后得到的是生皮，它

❶叙述
引出下文对皮靴加工的介绍。

不够结实，也不柔软。直接用它做成的靴子遇到潮湿环境，容易腐烂，如果风干严重，它还容易断裂。

① 毛皮变成皮革是在制革厂进行的。和其他工厂一样，制革厂也有许多不同的机器。毛皮进入制革厂后，先用机器将生毛皮清理干净，然后放在水里浸湿；等它变软后，再用刀使劲地刮，最后放入碱性溶液里浸泡。经过这几步，兽皮上的毛基本就能清理干净了。

制革不是简单去掉兽毛就行了，为了增加它的韧性，还要经过鞣制处理，就是把它放在特殊的溶液里浸泡。

除了用特殊溶液浸泡之外，还可以用铬盐鞣制皮革。由于处理后的皮革呈绿色，所以人们把它称为铬革。

经过鞣制这道工序，一张皮革就算完成了。不过，要想让做出来的皮鞋更好看，还要给皮革染上各种颜色，再把它吹干。最后还要经过砑光处理。

经过砑光处理的皮革，会像镜子一样光亮，甚至能照出人影来。

皮革制成以后，会送到制鞋厂。在这里，皮革会经历工厂的流水线，从一个工人手中传到另一个工人手中，并经过各种机器加工。

鞋子虽小，可用到的机器却不简单。有负责裁剪皮革的，有负责把鞋面和鞋底粘在一起的，有负责缝线的，有负责钉鞋底的，有负责打鞋带洞的，有负责磨光的……

最终，这双皮鞋会出现在消费者的脚上。看看你的鞋吧，它这么结实、漂亮，在你穿上之前，你一定不知道它要

① 动作描写
描绘出毛皮变成皮革的过程，体现了皮毛加工的烦琐。

注释

铬盐：无机化工产品之一，广泛应用于冶金、制革、颜料、染料、香料等工业。

经过这么多道工序才能制成呢。

茶杯、瓦罐和它们的亲戚

不得不说，瓦罐在瓷器面前总是显得其貌不扬。尤其是把它放在从不干粗活、总是打扮得干干净净、像穿着一件花衣服似的茶杯旁边，或者放在总是高傲地翘着尖鼻子的茶壶旁边时，它更显得粗糙。

不过，这种对比强烈的场面很少发生。因为茶杯、茶碟和各种瓷碗总会被放在一起组成一个大家庭，它们有专属的橱柜。那橱柜就像一个豪华别墅，而瓦罐却通常待在不起眼的角落里。

但公平地讲，茶壶没必要在瓦罐面前摆出一副高高在上的架子，而橱柜里的茶杯也没必要在瓦罐面前摆出优雅的姿态。毕竟，它们与瓦罐本来就是一家，而且瓦罐严格来说，还是瓷器的长辈呢。

瓷器拥有一个庞大的家族。这个家族的成员很多，像茶壶、茶杯、瓷盘、瓷碟，甚至盖房子的砖头和瓦、实验室里的瓷瓶、装饰用的大花瓶、壁炉架上的瓷像等。它们都来自一种原料——黏土，而且瓦罐出现的时间比它们都早。

1000年前，瓷器还没出现在人们的生活中，但那时的人们却已经使用瓦罐很久了。

考古学家在研究古城废墟和古代坟墓的时候，经常会发现一些保存完好的陶罐或陶罐的碎片。

① 在很多地方出土的古文物中，陶罐是很常见的一种器物，但是其中却没有一件现代橱柜里常见的瓷器，比如汤匙或餐叉。

❶对比
说明在古时候陶罐是很常见的物品，它出现的时间很早。

读书笔记

在原始人居住过的洞穴里，考古人员能找到石制或骨制的刀片，它们都是天然物品打磨而成的。那个时代就出现了陶器，是人工制造的。每发现一片远古的陶器碎片，都让考古人员非常兴奋，他们尽力去探究当时的情景，想知道原始人是怎么学会制作陶器的，又是怎样用它烹煮食物的。

有些碎片上还保留着人类的指印，它给考古人员留下了线索，让考古学家们可以了解这些拙劣的陶器是怎么制作的。

陶器经过了漫长的演变过程，不知多少人的手曾经制作过陶器。但是，只有在陶器刚诞生的时候，也就是人们只懂得把它塑型，却还不懂得烧制的时候，人的指印才会真正保留下来。

现在的科学技术能让人对指纹进行深入的分析，科学证实，世界上每个人的指纹都是不同的。经过科学研究发现，留在陶器上的指印是女性的，也就是说，在远古时期，陶器是由妇女负责制作，并用来烹煮食物的。

❶引用……………
说明塑造和烧制瓦罐艰难而复杂。

俄国有一句俗话说：①"火烧不坏瓦罐。"它的含义是不要害怕复杂和艰难的工作。同样，塑造和烧瓦罐也不是一件简单的事。

首先要找到合适的黏土——不是什么土都适合做瓦罐。把黏土带回家后，挑出杂物和石子，加入水，不停地搅拌和揉捏，把土中的颗粒捏碎，保证里面没有硬块。接下来把它揉成粗细均匀的黏土条，再把它一圈一圈地盘在一块木板上。把它盘到一定的高度后，用一块平整的木片或石片把泥条之间的缝隙抹平，这是制作过程中最关键，也是最难的一步。直到把陶器的壁抹平抹光滑之后，再把它放在黏土做的圆底上，让它们黏合在一起。

罐子的形状塑造好之后，主妇还希望给自己的作品加一些修饰。她拿起一根细木棍或骨尖，在刚刚塑好的土罐上雕刻漂亮的花纹。这样的陶器才兼具了实用性和美观性。

　　接下来，主妇会把罐子放在阴凉的地方风干。风干之后的陶罐并不能马上使用，如果这时把水倒进去，那之前的工作就白费力了。这时的罐子严格来说，还是一堆黏土，遇到水，又会变成泥。想让罐子变结实，必须经过烧制这一关。在火里，罐子会发生质的改变：原来柔软的身体变得像石头一样坚硬。①<u>烧制陶罐需要娴熟的技巧，烧制时间的长短、火候的把握，都直接影响到陶罐的质量</u>，所以这项工作不是人人可以干的。

　　现在，陶罐已经烧制好了，它已经可以胜任自己的使命了。人们给它盛上水并将它架在火堆上煮肉。最早的陶罐外形还谈不上漂亮。瞧，它一头鼓出一块，另一头又凹进去一个坑，另外罐沿也坑坑洼洼，一点都不平整。很明显，那时的人还不会用陶轮制作陶坯。

　　在陶器出现很长时间之后，陶轮才诞生。那时，人们已经不再需要亲手制作陶罐，因为制陶已经发展成一种行业。陶工拿做好的陶器到市场上出售，或者用来交换粮食，又或者用来交换其他用品。要想让自己的陶器卖上好价钱，就得把陶器做得更漂亮，于是陶轮应运而生了。

　　可以说，粮食和牛奶的产量越高，人们需要的陶器数量就越多，因为它是当时主要的储存用具。就这样一个新兴行业——制陶业诞生了。陶工会根据人们的需要制作各种陶器，他们会用小船把印着彩色图案的陶器，运到集市上出售。因为这种货物很娇气，加上当时的道路非常颠簸，所以走水路是常见的运输方式。

　　为了更快更好地制作陶器，陶工发明了专门的制陶设

❶叙述

说明只有拥有娴熟的技巧，才能烧好陶罐。

读书笔记

备——陶轮。实际上，陶轮并不灵巧，真正灵巧的是人的双手。

我们再回过头来介绍一下陶轮的构造。陶轮的最下面是一个沉重的底盘，底盘上嵌一根笔直的木棍，木棍上再插一个大小合适的圆盘，木棍与底盘之间可以活动。陶工在工作的时候，一手转动圆盘，一手捏着土坯，把它捏成需要的形状。这时的陶轮还很笨拙，后来，人们在木棍上加了一条皮带，皮带与脚踏板连接，这样，当双脚不停地踩动踏板时，圆盘就能不停地旋转。于是陶工的双手被解放出来了，而他们做出的陶器也更规整了。

陶轮在历史上沿用了上千年，它的样子虽然发生了很大的变化，但是基本原理是一致的。在苏联基辅省和斯摩棱斯克省，曾发现过两座千年以前的古代坟墓，考古学家在其中就挖掘出了用陶轮做成的陶器。

在一些地方，考古学家还发现了年代久远的烧窑遗迹。在原始社会，主妇们做好陶罐后，是直接在火堆上烧烤的。后来，聪明的陶工们发明了专门烧制陶器的窑，使得陶器可以批量生产。在古代遗迹里，随陶器一起出土的还有黏土做成的各类玩具，有小笛子、小哨子、小动物和人型玩偶，等等。具有讽刺意味的是，它们的主人早已化为尘土，而原本是尘土的它们却历经千年，完好无损地保存了下来。

我们无从得知陶轮和陶窑最早出现在地球的哪个角落，或许，它们不是同在一个地方出现，而是在多个不同的地方出现的。陶器出现很长时间后，瓷器才诞生。

最早发明瓷器的是中国人。他们用一种特殊的白色黏土——高岭土和白色的细石粉混合碾碎，加入水搅拌，然后再做成陶坯。①瓷器的烧制过程比陶器的更加复杂，为了让黏土和细石粉充分熔合在一起，就必须用非常高的温度来烧制。

❶对比
通过对比，突出了烧制瓷器比烧制陶器更加困难。

我们人类在发烧的时候，用体温计一量，看到"40"这个数字就会害怕，因为体温计最高刻度才42℃。而在烧瓷的窑里，温度通常高达1300℃。这么高的温度，如果用体温计去量，玻璃会先熔化，接着里面的水银也会挥发得一干二净。因此如何选择制作瓷器的黏土和细石粉的成分非常重要，而且烧制过程中也要非常小心，否则就会出现大量的残次品。

瓷器和用来做它的黏土相比，质地大不一样。黏土很软，可以捏成各种样子。瓷器却非常坚强，用刀划也划不破。①瓦罐和瓷器也有本质的不同，制作陶器的黏土比较粗糙，就算烧制好以后，陶壁上也有许许多多肉眼看不到的空隙。而瓷器用的黏土本身比较细腻，再加上高温烧制过程中，黏土熔化并紧密地结合在一起，所以瓷壁上不会有任何孔洞。虽然黏土不透明，但是很薄的瓷器却可以透光。

至于烧制瓷器的方法是怎么研究出来的，中国人一直将它视为秘密，除了他们，外人不得而知。中国人靠着瓷器贸易，赚取了大量的黄金白银。在我们看来，现在的瓷器是一件非常普通廉价的商品，但在古代的欧洲，它的珍贵可以和金子相媲美。在当时，一些欧洲贵妇连打碎的瓷片都舍不得扔掉，她们把它当作贵重的首饰，佩戴在胸口。

在那个时候，制作瓷器是一个一本万利的生意，所以中国对瓷器作坊管理非常严密，不给外国人看一眼的机会。

许多国家都想窥探中国制作瓷器的秘密，可是却没有成功。

直到200多年前，俄国技师季米特里·伊凡诺维奇·维诺格拉多夫开始了这项生意。

在他之前，是一个叫巩革的技师最早开始研究烧制瓷器的。②他向俄国沙皇宣称知道制瓷的秘密，沙皇给他提供了

❶对比
　　体现了陶器的粗糙。

读书笔记

❷叙述
　　交代了制瓷技术的严密性和困难性。

几十吨优质黏土，让他烧制瓷器。巩革在耗费了大量金钱和时间后，最后以失败告终，最后他不得不承认自己并不懂得烧制瓷器。沙皇将其逐出了俄国。之后，巩革的助手维诺格拉多夫接手继续试验烧制瓷器。维诺格拉多夫从来没有宣称自己会制作瓷器，他坦承自己对这项工作一无所知。不过，他是一个知识渊博的人，而且爱好钻研。俄国伟大的物理学家、化学家、地质学家和诗人米哈伊尔·华西里耶维奇·罗蒙诺索夫是他的朋友，他们年纪相仿，这位化学家朋友给维诺格拉多夫提供了关键性的帮助。但是，俄国的官吏们并不喜欢维诺格拉多夫，他们经常讥笑他，因为他性格孤傲，从不向权贵阿谀奉承。

① 维诺格拉多夫付出了艰苦的努力，终于成功做出了瓷器。官吏受到了沙皇的奖励，而维诺格拉多夫却被囚禁了起来。官吏们让他把烧制瓷器的原料和技术毫无保留地写出来，否则就让他永远失去自由。这件事过去200多年了，维诺格拉多夫当年的遭遇，在今天的我们看来，就是一个可怕的神话。

现在，人们尊重科学家，就连工人也受到尊敬。现代化的工厂为人们生产了各种各样的商品，瓷器也开始进行工业化生产了。小到咖啡杯，大到半人高的花瓶，什么形状的瓷器也难不倒心灵手巧的工人们。瞧，这个大花瓶上印了约·维·斯大林的画像，这是为了纪念"胜利日"两周年而制造的。因此这个有纪念意义的花瓶，被命名为"胜利"。这个花瓶就是由维诺格拉多夫创建的国立罗蒙诺索夫瓷器工厂生产的。这个现代化的瓷器工厂，再也不是维诺格拉多夫和罗蒙诺索夫曾经工作过的小作坊了。在这里，许多机器代替了人力劳动，机器做的瓷器不仅精美，而且效率更高。从

❶ 叙述
讲述了维诺格拉多夫当年不辞辛苦进行研究终于掌握了制瓷的方法，结果却被囚禁，表现了当时俄国社会的黑暗。

挖掘原料、碾碎磨粉，一直到塑型烧制，都由机器完成。

就像童话中丑小鸭变成白天鹅一样，原始的粗陶罐经过上千年劳动者的不断改进，现在已经变成漂亮耐用的瓷器了。

通过本站，我们知道了水的消毒过程、机器运作的原理、衣服是如何制造出来的、皮靴是如何制造出来的、缝纫机的工作原理、陶瓷的发展历史。有了自来水我们的生活才更便利，机器的发展让历史不断前行，但陶瓷的发展并不是一帆风顺的。起初制瓷方法是中国的国家机密，后来俄国发明家掌握了制瓷方法又受到了小人的迫害。总之，通过本站我们了解了与我们生活息息相关的许多东西的制造过程。

1. 很久以前没有自来水时，人们是如何打水的？
2. 缝纫机的工作原理是什么？
3. 瓦罐和瓷器有哪些区别？

氯气

氯气，化学式为 Cl_2，在常温常压下为黄绿色，是一种有强烈刺激性气味的有毒气体，密度比空气大，能够溶于水，易压缩，可液化为金黄色液态氯。它是氯碱工业的主要产品之一，可用来作强氧化剂。

第二站　遨游原子世界

名师导读

提起原子，相信很多人对这一概念都比较陌生，可实际上，我们处处在与原子打交道，它存在于我们生活的方方面面。举两个简单的例子：我们烧火的过程，就是氧原子与碳原子结合的过程；从铁矿石中冶炼铁的过程，就是让铁原子与其他原子分离的过程。下面，就让我们就走进原子的世界，来认识一下它们。

原子世界图

18世纪英国著名化学家道尔顿曾有句名言：创造或毁灭原子，和创造行星或毁灭已经存在的行星，是同样不可能的事。

现在，科学家们已经可以用原子制造分子了。令道尔顿想不到的是，原子还可以分解成更小的微观粒子。

古希腊伟大的唯物主义哲学家，率先提出原子论的德谟克利特，为人们开启了原子世界的大门此后，这个谜一般的世界吸引着数以万计的学者对其展开研究。科学家们时而找到探索方向，时而又陷入迷茫，虽然地图和星图都已经绘制得非常精确，可原子图即元素排列表却一直没有进展。

千百年来，化学家们为研究各种物质付出了艰苦的劳动，各种各样的新元素被发现。①每种元素都有不同的性质，这让主修化学专业的大学生痛苦不已，种类纷杂的元素常使他们将各种元素弄混，或让他们记不清它们的性质。所以，这时迫切需要有一种方法，能够在混乱的元素世界中找到一种排列它们的秩序。如果科学家看到的也是一团糟，那是他们对一些事还没搞明白，因为自然界本来就有自己的秩序，只是科学家们还没弄清楚。

❶叙述

说明化学元素种类很多，新元素也在不断地被发现。

1868年，门捷列夫在彼得堡工艺学院担任教授，在此期间，他开始着手编写《化学原理》。他很清楚，"建设高楼大厦只有建筑材料是不够的，首先需要一张设计图"。在原子领域，当时已经有了许多材料，唯独缺少一张设计图。怎么设计这张图呢？地理学家在画地图的时候，会用经线和纬线画出网格，确定每个城市的经度和纬度，然后把这个城市画到相应的网格里。可是原子图能这么做吗？

门捷列夫左思右想，最后决定依照元素的主要性质进行排列。但是以哪种性质为标准呢？硬度、颜色、熔点，还是沸点？最后，他选择按各种元素原子量的大小为顺序排列。比如氢元素，它的原子量最小，就将它排在第一，其他元素依次类推。按照这个思路排列下来，元素的排列顺序终于有章可循了。

性质相似的元素归为一类，就像地图中赤道地区的生物和北极圈的生物完全不同是一个道理。你不可能在南极圈看到长颈鹿的身影，反过来，你也不可能在非洲大草原看到南极企鹅，因为这些生物的活动是受环境因素限制的。

爱阅读
AI YUEDU

读书笔记

在元素世界里，分到第一类的是碱元素，钾元素和钠元素做邻居，银元素和金元素也在紧临的位置。

第七类是卤族元素，那里排列着氟、氯、溴、碘等元素。

在门捷列夫编制的元素周期表中还有一些空白的方格，比如第三类靠近铝元素的地方就留有一个空格。这是因为门捷列夫推断，在这个位置应该还有一种未知的元素，它的性质和铝接近。果不其然，在元素周期表推出后的第五年，人们发现"亚铝"元素。这种元素就是在距门捷列夫实验室几千米远的比利牛斯山发现的，当时矿工们在那里开采闪锌矿，无意中在矿石中发现了这一新元素。

从元素表推出到现在，图表上的空格处陆续有了主人，许多新的元素被发现。化学家在日常研究中，不断发现曾被门捷列夫预言过的元素。原子世界图里的元素越来越丰富，这是科学史上的大事件。

元素周期表绘制好以后，门捷列夫又该向哪个领域进军呢？当时，在化学界有个疑团：原子是物质世界最小的组成单位吗？原子是不是由别的更小的粒子组成的呢？门捷列夫认为，做出推测很容易，但要让人相信原子是由更小的粒子组成的，就得有实实在在的证据。

从原子世界传来的消息

❶背景介绍
为后文的叙述埋下了伏笔。

① 在门捷列夫发明元素周期表前后的一段时间，又有新的消息从原子世界传来。在门捷列夫的元素周期表出现之前，许多科学家已经感到这些信息的存在。早在18世纪，有物理学家做了一个奇怪的实验，他让一个男人躺在一个玻璃台上，而科学家站在小玻璃凳上，一只手抓住那个男人的

手,另一只手搭在电机圆盘上。①有一名妇女被众人怂恿着去触碰那个男人的额头,但还没等她摸到,突然,在她的手与那个男人额头之间,出现了耀眼的火花,同时传出噼里啪啦的响声,她吓得急忙收回了手。

18世纪,这种科学游戏大受欢迎,大家想知道其中的原理,科学家给出的答案听起来非常含糊,只说这是由于"电力"的原因。这个答案显然满足不了大家的好奇心,"电力"就像神秘的幽灵一样,能在你身体里自由行走,而你却看不到、摸不着它,但你的身体却会对它产生反应,就连最强壮的男人碰到它,也会哆嗦起来。如果许多人手拉着手,这种感觉还会传递下去,一个个跟着哆嗦起来。它还能让人的头发竖起来,简直太有趣了。

这种现象其实是原子世界发出的信号,但是当时人们的认知很有限,不懂这些现象背后的科学道理。18世纪,俄国著名科学家罗蒙诺索夫提出极具前瞻性的判断,他说:②"要想知道电的真正原理,就得研究化学。"

就这样,罗蒙诺索夫给人们指明了研究的方向。

1802年,俄国物理学家彼得罗夫在实验室中,让一个弧光灯发射出耀眼的光芒。几十年后,一种名叫"俄罗斯之光"的雅布洛奇科夫烛,给城市夜晚的街道带来了光明。后来又有了罗德金灯泡,电流使灯泡中的炭块发光发亮。

之后,在不断的摸索中,科学家们发现,电流不仅能使灯泡中的炭块和炭丝发光,就连空气也能亮起来。罗蒙诺索夫曾做过这样的实验:抽空玻璃球里的空气,通过摩擦让玻璃球带上电,这时,玻璃球内残存的空气就能发出光芒。

在罗蒙诺索夫做这个实验100多年后,科学家又做了一次这样的实验:他们将玻璃管内的空气尽量抽走,电流经过

❶动作描写
表现了电反应也在人体内发生。

❷引用
指出了化学研究与电密切相关,为下文做了铺垫。

玻璃管时，玻璃管内稀薄的空气会发出淡红色的光。再继续把玻璃管中的空气抽到最少，电流经过时，玻璃管会发出绿光。在当时那个年代，物理书上都会画有带着电光现象的插图，图片上的人物会露出惊异的表情。

大家会问这是什么现象？为什么空气会发出不同颜色的光？然而教科书没有给出答案。为了找出答案，科学家没有停下探索的脚步。后来，他们用磁铁去接触放电的玻璃管时，惊奇地发现那道绿光竟然可以移动。

光和磁铁

很多实验表明，光线是不受磁力干扰的，光线不会因磁力而发生偏转。因此，科学家得出结论，磁铁触碰玻璃管时，随磁铁移动的光芒是一种物质。科学家继续研究，最后，谜底渐渐清晰，科学家得出一个结论：电流其实是一种极小的微粒洪流，而不是人们以为的超自然力量。

然后科学家开始为这些"电的原子"命名。"电"这个词来源于希腊词语"琥珀"，而且最早有关电的实验也用到琥珀，所以科学家就将其命名为"琥珀"。过了没多久，科学家又有了新的发现。

❶叙述

德国科学家伦琴发现了一种可以穿透照片底片的射线，推动了医学研究的发展。

①1895年，德国科学家伦琴发现，在放电状态下的玻璃管，不仅能发出可见光，还能发射出肉眼看不到的射线。这种射线可以穿透照片用的底片，底片冲洗后能显示出黑影。

伦琴进一步研究发现，让一个人站在射线前，射线可以穿透他的衣服，穿透他身上的皮肉，却不能穿透他的骨骼。如果把这种射线投射到荧光屏上，那么在荧光屏上就会留下一个奇怪的影子——人的骨架的影子。让实验者均匀地呼吸，就可以在屏幕上看到他的肋骨也在上下起伏。如果这种科学实验让当时的普通人看到，他们会误以为看到了幽灵。因为当时的人们科学知识有限，这种情景通常只会出现在故事里。

①科学家为这一发现感到惊奇，他们发现这种射线是由于电子撞击玻璃管而发射出来的。原来，这种射线来自电子内部，那原子受到电子撞击后会发生什么变化？这个问题困扰着当时的人们。

❶疑问

提出疑问，引发读者深思，并引出下文。

几个月后，科学界又有了新发现。一个名为柯柏勒尔的物理学家，用黑纸包住一张照片的底片，在黑纸上放了一点铀盐，结果用这张底片冲洗出的照片竟是全黑的。由此可以推断，铀原子能放射出一种物质，这种物质能穿过纸层撞击在底片上。而且这种撞击力很强，强到把照片底片上的溴化银全都击碎，使得溴化银微粒分解成了银和溴。

仅仅过了两年，一个轰动世界的科学发现诞生了。法国科学家居里夫妇发现了一种新的元素，这种元素具有极强的放射性，居里夫妇将它命名为"镭"，意为放射性。镭放射出的射线具有极强的能量，在放射线达到一定量的时候，它甚至能烧开试管中的水。

这太令人感到惊奇了，这些能量是怎么来的呢？它们是无中生有的吗？当然不是，放射线是由原子发射出来的。

这时，科学家又想到了磁铁。科学家发现，原子发射出的射线在磁场中被分成三段。那段笔直前行的射线是看不到的，它与伦琴射线很像。磁铁对它没有影响，因为它是以光的形式出现的，但肉眼却看不到它。科学家将它命名为 γ（伽马）射线。

另外两段射线是由向左右两侧偏转的微小粒子——原子

📖 读书笔记

碎屑组成的，其中有一段叫作电子，即 β（贝塔）粒子，另一段碎屑叫 α（阿尔法）粒子。

电子和 α 粒子为什么从镭放射出来后，会以不同的路径运动呢？因为它们带有截然相反的电荷，电子带负电荷，α 粒子带正电荷，带电粒子受磁场的影响会发生偏转。至此，科学家们终于解开了电子发出的秘密信号。20 世纪初，科学家索迪和卢瑟福则将这个秘密信号彻底解开。

长久以来，科学家们认为原子是物质最基本的单位，是不可再分割的。① 但现在，这一认识被打破了，就像伍分硬币，它不是硬币的最小单位，它还能分成一枚贰分硬币和一枚叁分硬币。贰分硬币还能再分成两个壹分硬币。

如果镭原子放在玻璃管中密封，你也许会坚定地认为管子里只有镭原子和空气，它不会再有变化。但是几天后，你分析玻璃管里的成分，你会惊奇地发现镭原子变少了，玻璃管中又多出两种新的气体：氦和氡。

这两种新气体是怎么来的呢？原来镭原子有衰变的过程，同时放射出 α 粒子，最后剩余的部分会转化成比镭原子轻的氡原子。科学家已经证实，α 粒子就是氦原子的核。因此，玻璃管中就出现了氦原子和氡原子。

科学家又继续用氡原子做实验。把氡原子在玻璃管中放置一个月后，科学家在进行化学分析时，发现玻璃管中几乎没有氡原子了，取而代之的是镭 A 原子。

沿着这条蜕变链条一直实验下去，会发现镭原子时而发射 α 粒子，时而发射出电子，质量越来越轻，每次蜕变，性质都会发生改变，直到最后变成稳定的铅原子。

❶ 比喻

说明原子并不是不可分割的，用硬币比喻通俗易懂，方便理解。

到原子的世界去旅行

很多青少年仰望星空的时候，都会萌生到宇宙中遨游的想法。其实在我们身边有一个世界跟宇宙一样神秘，它存在于我们身边的任何物质，甚至我们的身体。当早晨的一缕阳光从百叶窗射进屋子里时，我们能看到这道明亮的光线中有许多微尘在浮动，就算这样一粒微不足道的微尘，也含有几十万，甚至几百万个微小的世界。你用钢笔尖轻轻在纸上一点，这点墨迹中也会含有几百万个微小世界。

①夜晚的天空，我们能看到一颗颗星星在眨眼，距离我们最近的星星也有几十万公里。原子虽然距离我们很近，但是却没有人看到过它的真实面貌。科学家们耗费了几个世纪的时间来探索原子世界，直到最近，科学家们才真正进入到原子的内部进行研究。

不需要走到实验室，科学家们就可以在原子中旅行。这次旅行大有收获，科学家们获得了许多新奇的发现。这次旅行也费尽周折，甚至一度让科学家们陷入自我怀疑中，怀疑原子到底存不存在？

实际上，原子世界和人类有着密切的联系，我们生活中的方方面面都离不开原子世界。我们在炉子中点火燃烧的过程，就是让氧原子与碳原子结合的过程；从铁矿石中冶炼铁的过程，就是让铁原子与其他原子分离的过程。

锻工、玻璃工、陶工、炼钢工，等等，他们每天的工作，实际上就是把不同的原子分开或重组。但是工人们却不知道这个秘密，因为他们根本看不到原子发生的变化。对于原子，人们大多也是理论上的猜测。

最早提出一切物质是由原子组成的人，是希腊著名学者

❶拟人
用拟人手法说明星星距离我们十分遥远，强调了原子距离我们很近。

读书笔记

留基伯和他的重要继承者德谟克利特。他们推断，万物是由原子以各种形态结合而产生的，如果所有原子相互分离，就意味着万物的毁灭。这个推断是在2300年前提出的，然而就算经历了这么长的时间，这个问题却还停留在猜测的阶段。

❶叙述
说明原子论遭到了沉重打击，体现出原子论的发展道路十分崎岖。

① 于是科学界分成两派，一派坚信原子是存在的，另一派则说原子只是猜想。于是两派进行了激烈的争论，两派长期争执不下，越闹越凶。当时，有神论大行其道，原子论的提出无疑对它产生了巨大冲击，所以教廷认为原子论是对神明的亵渎，要求把所有关于原子论的书籍通通烧掉。

坚持真理的科学家也受到不同程度的迫害，但是很多科学家却没有放弃对原子的研究，因为他们坚信原子是万物形成和毁灭的真正原因。为了让真理大白于天下，他们就必须通过实验证明原子的存在。

我们要是出去旅行，当然不会空着手出去，肯定会事先做足准备。比如说，要组织一次探险，就要带上刀具、帐篷、指南针、食物、地图、钱，等等。去原子世界旅行也要带上必要的工具，比如烧瓶、曲颈瓶、蒸馏釜等。

❷动作描写
表现了化学实验工作的艰辛与烦琐。

② 化学实验的主要办法是将物质熔化、混合、蒸馏、溶解、沉淀。在实验过程中，科学家们还要不断地进行称重，精准地计算用了多少物质，然后生成多少物质。科学家和工人不同，工人得到的是最后的物品，科学家必须搞清楚每个过程中物质发生的变化。

在相当长的时间里，化学还只是一种工艺，还没有成为一门独立的科学。那个时候，科学家研究的目的，只是探索物质如何由单质变成化合物，以及化合物分解成单质的现象，至于物质里面的原子发生什么变化，他们并不知道。

第一个把化学当作一门科学的人，是俄罗斯科学家罗蒙诺索夫（1711—1765年）。他首先打开了原子世界的大门，他看到了用显微镜都看不到的世界——构成物质的微粒，也就是构成分子的原子。

　　当空气膨胀和收缩的时候，他看到那些原子是怎么分开和融合的；在物质加热的时候，他看到原子是怎么由慢到快运动的。当它们散开时，固体会变成液体，再由液体变为气体。在曲颈瓶中，他也看到分子是怎么分解成原子的，原子又是怎么结合成分子的。

　　罗蒙诺索夫不仅发现了这些现象，他还通过计算、推理对这些现象进行核对。他努力想要证实这个发现，他在《化学的用途》中这样写道："对于这一点，我们大多数人会说，化学只是可以显示构成复杂化合物的物质，从没想到过每一个构成物质的微粒。这种想法是浅显的，一直到现在，科学界还没有深入到物质的内部去研究，如果有一天我们发现了物质最深层的东西，那么化学将会成为前沿科学，因为大自然的奥秘将会被彻底揭开。"

　　这个预言是罗蒙诺索夫提出来的，后来科学家开始朝着他指明的方向努力探索。

　　1781年，在一个实验室里，爆鸣气（氢气和氧气的混合物）第一次发生爆炸，这个实验让人们知道水分子是由氢原子和氧原子组成的。三年之后，化学家成功把水分子分解成了原子。

　　科学家让水蒸气通过一根烧红的铁砂管，水在热量的作用下，分解成氢气和氧气，其中氧气又和铁发生化学反应，生成了铁锈，氢气和剩余的水蒸气挥发到空气中。这时，科学家又采取称重的办法获知原子数量的变化。① 在物质分解时，科学家把各种原子采集起来对它们称重，测定这些原子

❶叙述
　　说明科学家在原子论发展路上起了重要作用。

在实验中发生的变化。

化学家在做实验的时候，不是只对某一种原子进行研究，而是对一大群原子进行研究。要知道，就算一滴溶液，它所包含的原子数量也跟银河中的星星似的数不清。

一小撮盐可以在烧瓶中通过沉淀而得到，用过滤器过滤后，就可以放在天平上称重了。那时候，科学家常把这些原子和星星做比较，用门捷列夫的话来说，在原子的世界里，各种原子的关系就像太阳、行星、卫星的关系一样。

原子的世界和宇宙相似，这个论点让那些试图窥探物质世界深处的人兴奋不已。后来，随着实验条件的不断改善，这个微观的世界也变得越来越清晰了，各种新的原子陆续被科学界发现并命名。

❶列数字
让读者更直观地了解化学符号所表达的意思。

①19世纪初，科学家开始用不同的符号来表示不同的原子，比如小圆圈代表氧原子，小圆圈中间画上十字代表硫原子。由氧原子和硫原子组成的三氧化硫分子的符号，就是由一个硫原子符号和三个氧原子符号组成的。

就这样，科学家的目光终于进入到原子的世界。但是在当时，人们也只是刚刚敲开原子世界的大门。

大家快看，这是铀族元素的祖先——铀，铀生镭，镭生铅。

瞧，这是钍族元素组成的大家庭，钍也可以衍生出一大堆后代，有趣的是，最后也是衍生到铅为止。

但是从钍族元素中衍生出的铅，要比从铀族元素中衍生出的铅更重一些。

在日常生活中，我们见到的金属铅实际上是上述两种铅的混合物。但在元素周期表中，这两种铅的位置却是相同的。后来科学家也证实，在同一个位置上出现不同元素的情况有几百种，这些元素有一个共同的名字——同位素。

在科学家眼中，对原子的认识越来越清晰。原本那些人们以为永远不可分割的固体，在科技不断发展、技术水平不断进步的今天，极小的原子也迎来被一分为二的时代。

不同的原子有不同的品性，比如原子的寿命，1克镭原子经过1590年，它只减少了原来的一半；但是它的近亲镭A原子却是非常的短命，只用3分钟它就会减少到原来的一半。

原子之舟

在宇宙中自由穿梭，一直是科幻书籍里的必要情节。

如果你想邀游原子世界，你同样需要一架原子飞船。最适合做这种飞船的就是从氦原子中飞出来的 α 粒子。

科学家做了一个模型，让这架飞船沿一定的航线飞行，同时在这条航线上设置了一道障碍，比如一层很薄的金纸。飞船起航了，它沿预定的航线畅通无阻地到达了目的地。通过这个试验，科学家得知，那张看似密不透风的金纸在 α 粒子面前就是一张渔网，而渔网的空隙足够它通过。这条航线的终点是一个涂满硫化锌的屏幕，α 粒子到达这里时被拦下，并在屏幕上撞击出一个小亮点。当金片被放置在这条航线上时，α 粒子透过金片投射到屏幕上，会显现出一片亮晶晶的区域，但拿走金片，就会在屏幕上显示出一个光点。这就是说，金片会让一些 α 粒子的运动轨迹发生偏移。有一部分 α 粒子成功穿越了金片，也有一部分被金片反弹了回来。当你想证明这个说法的真假时，只需在金片的后面也设置一个屏幕，就能看到反弹回来的 α 粒子。

最早做这个实验的是英国科学家卢瑟福，当他看到这些实验结果时，还搞不明白其中的原因。因为在当时的科学界，大家都认为 α 粒子是不受任何阻碍，一往无前的，是什么力量让它反弹回来了呢？

为了更形象地解释原子的运动，卢瑟福用了一种比喻。比喻在文学中可以让文章*锦上添花*，在科学界也能起到这样的作用。

科学家将原子比喻为行星，这个假说在当时甚为流行，但现在已经不符合科学事实，这一比喻如今已经被淘汰了。

α 粒子在原子中的运动模式，让科学家联想到彗星围绕着太阳运动的轨迹。彗星接近太阳，然后又远离太阳，这和 α 粒子的运动很相似。

于是卢瑟福就认为，原子内部也有一颗恒星——原子核，行星就是电子。α 粒子在原子中的运动就像彗星在太阳系中的运动，那张看似密不透风的金片，在 α 粒子面前就是一个空荡荡的如太阳系一般的空间。

α 粒子和电子产生的碰撞，不会对预定的航线产生太大影响，因为 α 粒子比电子大许多，所以它们发生碰撞时，α 粒子顶多发生一点偏移。

但是，如果 α 粒子与原子核相撞，情况就要严重得多，因为两侧都有正电荷，它们相遇会产生斥力，所以它们相撞的结果就是 α 粒子被远远弹开。但是它们相撞的概率很低，远远低于原子核与电子碰撞的概率。①如果把原子核看作太阳，那么原子核跟最外层的电子之间的距离，相当于太阳到天王星那么远。

这样我们就能理解为什么那么多 α 粒子，仅有几个会

❶ 比喻

通过比喻更直观地展现了原子核与电子之间的距离。

注释

锦上添花：意为在美丽的锦织物上再添加鲜花，常用来形容好上加好、美上添美。

跟原子核发生碰撞，而且碰撞非常激烈，以至让 α 粒子偏离原来的轨道，甚至会向相反的方向偏移。

随着近代科学研究的快速发展，在各地实验室中，科学家们对原子世界的认识越来越清晰。

门捷列夫的元素周期表，可以看作是打开原子世界大门的钥匙。科学家通过大量研究发现，元素周期表中的元素不仅仅是按原子的重量由小到大排列的，而且是根据它们构造的复杂程度排列的。比如排列在第一位的氢原子，它的原子核周围仅有一个电子，电子带负电荷，原子核带正电荷，但是氢原子本身却不带电。

这是一个惊人的发现，巴甫洛夫教授在1834年曾说过："元素界的第一种元素就是由阳电荷和阴电荷构成的。"

原来我们的世界是这么的神奇，科学家们的预知能力是那么的强大。元素周期表中排在氢元素后面的元素，所含的电子数量开始增多，从一个到数十个，排在元素周期表末尾的铀元素居然带有92个电子。

我们在叙述这种现象的时候，只用简单几句话就能概括。但是想要清楚地介绍这个发现之旅，就不是那么容易的了。科学家发现了许多有趣的事情，他们甚至也有在原子世界畅游的"飞船"——从铀原子和镭原子中飞出来的氦原子核，也就是 α 粒子。

即使用倍数最大的显微镜，你也看不到 α 粒子的身影，它实在太小了。不过，借助科学实验却能找到它。

在 α 粒子穿过充满了饱和水蒸气的空气的时候，它会留下一条由小水滴组成的尾巴。①通过仪器口把这条小尾巴照亮，用相机把它拍下来，相片中就能看到一条亮线，就像划过夜空的流星一样。

读书笔记

❶ 比喻
　　用比喻来介绍 α 粒子的运动轨迹，使人更容易理解。

α粒子和小水滴有怎样的联系呢？在α粒子从空气中穿过的时候，它会与空气中的其他原子相撞，并把那些原子的电子撞得偏离了运动轨道。在原子失去这些电子后，这些原子的原子核中的阳电荷要靠缺少了电子的阴电荷来平衡，这些原子就变成了阳离子，这些阳离子就成为空气中或者其他气体中水蒸气的聚集点。所以α粒子在充满饱和水蒸气的空气中运动时会产生水珠。

在原子世界的旅行中，科学家不断地有新发现，比如他们知道了铀原子和镭原子的分裂情况。原本存在于铀原子核中的α粒子，它跟氦原子核一模一样。铀经过衰变，重量减轻并变成另一种元素——铀X1。铀X1的原子核再进行衰变，会从铀X1原子中飞出两个电子和两个α粒子，于是铀X1变成了镭，镭继续衰变，之后变成铅。

在200多年前，工业非常落后，当时有一种职业叫炼金师，炼金师们幻想能通过一些神奇的方法把金属变成金子。在我们知道了原子的秘密后，就知道这是行不通的。

虽然有些元素可以发生转变，比如铀变镭，最后变成铅，但至今没有发现可以衰变成金元素的金属。原子在衰变过程中，能量从原子核深处释放出来，这些小颗粒会以比炮弹快几千倍的速度飞溅到四方。

在原子核分裂过程中，原子核还会发出一种看不见的光——伽马射线（γ），因为它能穿透几厘米厚的金属铅，所以又被叫作核光。

走进原子核

"原子飞船"让我们了解了许多原子世界的奥秘，填补了许多科学空白。现在，让这架"飞船"带我们进入原子核内部，去看一看原子核的构造吧。

卢瑟福在做这个实验时同样用到了 α 粒子，因为它的飞行速度极快，是目前最能冲进原子核内部的炮弹。

法国著名作家儒勒·凡尔纳在他的科幻小说《从地球到月球》中就描写了利用"炮弹飞船"飞往月球的故事。现在卢瑟福做的实验与之类似，不同的是，这架"炮弹飞船"是 α 粒子。卢瑟福用 α 粒子炮轰氮原子，发现有些时候，α 粒子可以击中氮原子的原子核。

当这枚"炮弹"冲进原子核的时候，氮原子中产生一些碎屑，这些碎屑在涂着硫化锌的荧光屏上造成闪光。

后来，科学家尝试把这个过程拍摄成立体照片，并把它称作星球相撞事件。在科学家精心设计的黑色背景上，能够清楚地看到许多条白色的直线，它们就是 α 粒子的飞行轨迹，也就是上文提到的形成小水滴的路线。

这些白色的直线从一小块镭中放射出来，透过黑色的背景，科学家发现其中有一条直线在尾部形成岔路。我们已经知道，这是由于 α 粒子撞到其他原子核上，将原子核击成两块碎屑，并朝着两个不同的方向飞去的缘故。在科学家捕获这些碎屑并研究后得知，这是氮原子的原子核将 α 粒子给合并成两个新原子了。这两个新原子分别是氢原子和相对原子量为 17 的氧原子。这个氧原子非常特殊，因为在自然界，氧原子量应该是 16。

在这个实验中，科学家成功实现了两个元素间的初次转变。

存在了几百年的炼金师，一直在努力寻找能点石成金的方法。可是想达到这一目的，仅靠他们那点可怜的科学知识是办不到的，更别说他们手里没有能打破原子核的工具。

在炼金师的实验炉里，有的物质可能会发生某种反应，但原子本身没有发生任何变化。不要说他们使用的实验炉，就是现代化的今天，实验炉的温度即使达到几千摄氏度，仍不能打破坚固的原子。如果仅凭热量就能打破原子，那我们就得借助地核或者太阳的温度——可达到几百万摄氏度的高温。

科学家找到一种方法可以改变元素，他们不需要用太阳的温度，而是用科技的手段，利用原子本身来找到破坏原子核的契机。科学家利用从镭中放射出来的α粒子去撞击原子核，利用这种"炮弹"还存在一些缺点，比如飞行的方向无法严格控制，而且火力过于分散，很难达到需要的强度。①最重要的原因是受资金所困，要知道，当时的镭比黄金还要昂贵，所以实验用的镭都是以毫克来计算的。原材料不足就会影响实验进度，所以科学家就开始寻找代替镭的实验材料。科学实验需要大量的"炮弹"，虽然每个氦原子和氢原子都能当作"炮弹"，但是它们的飞行速度达不到要求，更重要的是精度也不符合要求。

科学家经过研究，发明了几种仪器，它们是效果非常好的"大炮"，其中有一种在原子探索上发挥了巨大的作用。它可以用氢原子做"炮弹"，然后击破锂的原子核，从而得到两个氦原子核。可以说，这件"武器"弥补了原子实验中原材料不足的问题。

有一种仪器我们需要特别介绍一下，它就是回旋加速器。在原子核实验中，必须让"炮弹"以极快的速度朝一个点打出去。做原子实验不像驾驶汽车，也不像打靶，原子核的方向怎么能精确控制呢？

我们前面讲过，原子核是带正电荷的，科学家就是利用了它这个特点，利用磁场控制原子核的方向。

❶叙述
表现了当时化学元素的稀缺。

回旋加速器正是利用了这个原理。

回旋加速器可以制造出有力的磁场，当它带动原子核前进时，原子核并不是以一条直线前行，而是绕着圆圈往前走。就像有一条轴，原子核围绕着它飞行，而且飞行的速度越来越快。

关于原子核的运转，我们需要解释一下。所谓的回旋加速器，在原子核加速的部分其实是一个扁平的而且分成两半的盒子，左半边的盒子充满了负电荷，右半边的盒子则充满了正电荷。当原子核在里面运动，到了出口处，也就是左右半边盒子之间的夹缝时，原子核就会被左半边盒子里的阴电荷吸引进去。受到磁场影响，原子核就会改变运动路线，以绕着圆形的轨迹前进。在原子核完成一圈路程的一半的时候，即从左半边的盒子飞了出来，重新来到出入口的时候，左右两边的磁场方向会跟上一个半圈对调过来，使原子核飞进充满阳电荷的右半边盒子。

原子核不断重复着这个动作，每绕行一周，原子核前进的速度就会越快。科学家会在原子核达到最快速度时的区域留一个口，这样就得到了我们需要的"炮弹"。

原子核在回旋加速器最后一刻的速度是非常快的，这种速度接近光速。根据相对论的理论，它是不可能达到光速的，所以我们称之为亚光速。当原子核从出口冲出来的时候，它比从枪口射出的子弹还要快，发出的光在盒子一米外都能看到。

有了这个武器，科学家开始利用它来轰击多种物质的原子核。

用来当"炮弹"的有 α 粒子、质子，还有氘核（一种氢的同位素，也叫作重氢）。有了充足的"炮弹"，就有各种各样的"靶子"，所有自然界存在的元素都能充当靶子。

强力的轰击不仅会破坏靶子，还能生成新物质，比如镁

❶叙述

由于轰击，一些新的物质不断生成，对化学元素领域的发展起了重要作用。

❷叙述

表现了科学家们无私奉献的精神。

在接受轰击后，就变成了硅，这多么不可思议啊。^❶更令科学家兴奋的是，这种硅不是普通的硅，它具有了放射性，它能像镭一样自己逐渐衰变并释放出质子，最后衰变成铝。硼也是如此，它经过轰击后，变成了同样具有放射性的氮，最后氮衰变成碳。瞧，科学家成为真正意义上的炼金师！

^❷但科学家所做的努力并不是为了完成古代炼金师的梦想，他们所做的一切不是为了得到庸俗的黄金，而是为了得到比黄金更珍贵的东西。小小的原子核蕴含着惊人的宝藏，里面藏着能造福人类的原子能。

在一系列的原子实验中，科学家发现，在原子核中并不只存在一种粒子，而是两种：一种叫质子，带正电荷且有一定质量；还有一种叫中子，它的质量和质子接近却不带任何电荷。在对中子进行一系列实验后，科学家确定它跟原子核不会发生排斥。

中子最早是在铍原子中找到的，可能这种说法不够准确。更形象地说，中子是科学家在研究铍原子的时候被"炮弹"轰出来的。将粉末状的铍元素氧化物放进试管中，再将氡气和α粒子充进试管中，这时候中子竟然穿透玻璃试管飞了出来。科学家捕获了从玻璃管中飞出的中子，并开始进行研究。

他们发现中子的质量几乎和质子的相同，这微小的差距在实验时可以忽略不计。

后来实验证明，中子是原子实验中最优良的"炮弹"，有了它，想做到百发百中就不是难事了。

潘多拉的魔盒

我们已经能在原子世界中漫游了，在原子世界中，我们认识了许多新鲜事物，而且我们也走到了目的地——原子核。但是，那里所蕴藏的东西远不如我们付出的努力。

为了得到原子核这个宝箱，科学家做出了巨大的努力。通过原子世界的道路阻碍重重，但科学家却没有放弃，他们想要征服原子能。

他们不断地用中子来射击各种元素的原子核，希望有新的发现。经过不断实验，科学家发现轰击铀的原子核后，铀原子会释放出 α 粒子，然后会衰变成一种相对较轻的元素——铀 X_1。在自然条件下，铀是不容易衰变的，要用10万年左右才会有一半的铀变成铀 X_1。

苏联的彼特查克和弗略罗夫发现，自然界中的铀原子还会发生另一种衰变，原子核会分裂成两个大小相似的钡原子核和氪原子核。

在轰击过程中，还会出现一些较重的原子核。它们因为有太多的中子，这比构成两个小原子需要的中子数量之和还要多，所以，多余出来的中子就会从原子核里飞出来。

在钡原子和氪原子中也有不少多余的中子，原子核慢慢释放这些多余的中子。原子核内部会产生一种比较令人惊奇的事情——一个中子会转变成一个电子和一个质子，质子会留下，电子飞出核外。

铀原子被击破时，会飞出三个中子，如同打开一个宝盒时，里面还藏着三把能够打开另外几个宝盒的钥匙。我们已经知道，中子就是打开宝藏的钥匙。科学家继续进行研究，他们想知道中子飞出原子核后，还会发生什么。中子从原子核中飞出来后，它们可能会陷在杂质中，如果让"靶子"足够纯净，杂质尽可能少，铀块足够大，中子在铀块中就会与其他原子核相撞，就这样不断地碰撞，并且将它们击破。从铀的原子核中飞出来的中子又会击中别的铀原子核。

于是，原子核就会不断分裂下去，范围越来越大。事实上，这只是一瞬间发生的事，但所有铀原子核都发生了分裂，同时释放出具大的能量。用一个小小的中子就能引爆所有铀原子核，就好像用一枚炮弹击中了弹药库，发生了连锁爆炸一样。

在科学发展的历史进程中，拥有智慧的人类一次次揭开了自然神秘的面纱，但是人类懂得了大自然的力量后，并不是完全把它用在为人类造福上，比如人们掌握了原子的秘密后，就开始了核武器的研究。

以前，科学家研究核物理是想了解原子内部的秘密，长时间以来，这项研究很浪费时间和金钱。可是一旦野心家们知道原子核中蕴藏着毁灭一切的力量，他们便不惜花费重金投入到核武器的研制中。

美国人率先研制出原子弹。想要制造出原子弹，必须使用高浓度的浓缩铀235，或者用与它性质相似的新元素钚。但是，进行这种研究无疑是在死神边跳舞，要知道只需要一小块铀235或者钚，再将一个飞速行进的中子打进它们的原子核中，就会引起爆炸。也就是说，在实验过程中，核材料随时可能爆炸，这是相当危险的。

所以，研究原子弹的人不仅要考虑怎样才能让它最大限度地发挥威力，还要考虑怎么在研制过程中不让它发生爆炸。科学家研究发现，把铀块体积控制在一定范围内，即使被中子击中，也不会发生爆炸。因为铀块太小，原子核分裂所产生的中子太少，所以不会发生链式反应。

但如果把几个铀小块组合到一起后，情况就不同了。由原子核分裂产生的中子要比损耗的中子多，这时核爆炸就会发生。这个原理正好用来作为原子弹的引爆装置。1943年，美国人开始着手研究原子弹，1945年夏天，人类第一颗原子弹试爆成功了。

美国在随后发布的报告中曾大肆宣扬原子弹的威力。报告中说，为了实验原子弹的威力，他们专门搭设了一座钢塔，并在塔上安装了引爆原子弹的装置。操纵台距钢塔9千米远，操纵台是泥土和木头搭建的。而观察站则在距离钢塔15千米外的基地上。

原子弹组装好之后，被吊置钢塔顶端。当引爆口令下达后，肉眼看到的光芒比太阳光还要强烈。大约半分钟后，一种低沉的轰隆声才传到观察员的耳朵里，随着巨大的冲击波的到来，观察员都被掀翻在地。①等他们站起来再远眺的时候，就见一个逐渐变大的火球和一团巨大的火云。最后火球变成了一朵巨大的蘑菇云，蘑菇云向空中伸展，最后又变成10千米高的火柱。

美国还专门在报告书中指出，原子弹只有做到能在高空中爆炸，才能摧毁所有地面建筑。此外，美国还强调，原子弹只用于敌对国，要对敌对国产生巨大的威慑力。

原子弹研制出来不久，美国就在日本的广岛和长崎投下两颗。两个城市均遭受了毁灭性的打击，成千上万的人死去。即使侥幸存活下来的人，也要在今后的生活中忍受着失去亲人和核辐射带来的痛苦。

不同的道路

不同国家的人民从媒体上了解到了核武器，核武器的威力让大家感到恐慌，大家认为核武器不仅威胁着世界和平，更威胁到全人类的生存。

②发明核武器的初衷也引起了人们的质疑，这种极具

读书笔记

❶描述
描绘了原子弹爆炸后的情景。

❷反问
通过提问，表达了人们对美国制造核武器意图的不满。

破坏力的武器究竟是为了人类和平，还是为了将人类推向灭亡？

核武器是战争和科技的产物。纵观人类历史，每个世纪都会发生几起大规模战争，小规模战争更是不计其数。可以说，人类发展进程与战争是紧密相连的。但多少世纪以来，战争都是军队与军队的对抗，以摧毁对方的军队为目的。当然也有一些军队不仅摧毁敌对国的军队，还残害敌对国的居民，老幼妇孺一律不放过。

原子弹的出现打破了战争的游戏规则，它的目标不再是战场上的士兵，而是要破坏敌方的一切。参与核武器试验工作的美国将军马可利夫面对记者时就指出，这种武器在常规战场上发挥的能力有限，普通战壕就能保护士兵免受冲击波和热量的伤害，对坦克和大炮更起不到摧毁的作用。

科学家奥本海默教授指出："原子弹内装载着恐吓，恐慌会和原子一样分裂。"所以第一颗实爆的原子弹用在了城市，这不是偶然的。因为原子弹的作用就是杀人，而且主要用于恐吓非武装的普通居民。

原子弹的威力是可怕的，但是恐吓也不是每次都能奏效。

1946年夏天，美国曾用一颗原子弹去炸沉一支停靠在珊瑚岛海湾里的舰队。这次轰炸花费了美国巨额的经费，按照美国人的想法，这次事件应该引起全世界的轰动。但是，这次做出的破坏并没有预想的大，结果当然也没有预想的那么可怕。

这时，人们不禁思考，应该怎样正确看待核武器？如果不禁止这种以普通民众为目标的武器，人类将永远无法安宁。因为对核技术进行研究的科学家很多，他们来自世界上的许多国家，也就是说，很多国家都有能力制造出核武器。

在几百年前，英国科学家罗吉尔·培根用一种比较复杂的密码记下一种炸药的配方。他知道这种炸药的威力，想把它暂时关进"保险柜"里，等到人们能和平相处时，再打开。可他不知道，他所知道的配方已经不是什么秘密了，远在东方的中国已经发明了火药。原子弹的原理已不是秘密，难道我们要一直忍受这种恐慌吗？

潘多拉魔盒已经打开，现在摆在人们面前的只有两条路，一条是死亡之路，一条是和平之路，相信人们会毫不犹豫地选择后者。

正确利用原子能

❶科学家没有停止对原子能的探索，除了被当作武器，原子能还能带给我们什么呢？

未来的某一天，原子能将作为新型能源深入我们的生活。原子动力站抛弃了传统的煤和石油，只用一架飞机就能运送动力站一年所需的"燃料"。动力站不用建在煤矿旁边，它可以建在海洋或高山上。这样的原子动力站不需要烟囱，不需要传统燃料，只要保证核燃料不泄漏，就不会对大气造成污染。到那时，动力站也许就像一个海底的海洋馆呢。

要到动力站里工作，是不是要下潜到海底呢？当然不需要，因为这种动力站不需要人看管，一切都是自动化了。而且核反应堆会产生一定的辐射，因此要尽可能避免人工的参与。

原子能作为一种新兴能源，能帮助人类做很多以前做不到的事。比如能在极地地区给人提供光和热；能在沙漠地区降低酷热。如果我们能充分利用这种能源，就能将许多不毛

❶疑问
引出下文对和平利用原子能的阐述。

之地变成宜居之地。只要能合理使用它，就能用它来改造世界，让我们的生活变得更美好。

① 利用原子能还能改造气候。在地球上，很多地方气候恶劣，不适合人类居住。因为大气对流不均衡，太阳能在地球上的分布也有高有低，利用原子能就能改变这一现状。利用原子能，我们可以操纵水流和空气团，不仅能把热量送到寒冷的地方去，还能把冷空气送到酷热的地带。未来人类能够控制天气，让人们的生活环境更舒适。

在未来，原子能也许能让我们遨游太空，去征服其他星球。如果原子火箭解决了现有火箭燃料不足的短板，我们就能去太空远行。到那时，我们就可以去火星上探索，带着能改造气候的原子机械去改造火星。

蒸汽机的出现，让我们可以使用煤炭或燃油给机械提供能量，彻底改变了我们的生活方式。将来，比煤和燃油强大无数倍的原子能将让我们的生活发生翻天覆地的变化。

在医疗领域，现在的科学家已经开始使用放射性元素给病人提供治疗。通过对放射性元素的监测，就能研究人体的病灶。放射性原子是一种"示踪原子"，它们在其他没有放射性的原子群中会放出射线来，通过仪器就能显示出它们所在的位置。给病人吃一些含微量"示踪原子"的食物，我们只需监测这些原子在人体中的运动轨迹，就能顺利找到病灶。这种"透视"相对于伦琴射线，有一个巨大的优势，那就是提供一个更清晰的图像，更利于医生诊断病情。

恒星上的一些反应，地球是难以实现的，因为那些反应需要特别高的温度，相对于恒星的温度，地球就显得太冷了。科学家认为，太阳每时每刻都在发生着氢聚变成氦的过程，这种过程产生了巨大的能量，让它可以把光和热传递给

---

❶ 排比

说明原子能对于改善人们的生活环境具有重要意义。

太阳系的其他行星。如果太阳是煤做的，也许在地球还未成型前，它就烧光了。在未来，我们的科学家能够将太阳上的反应小型化，以此来获取能量。

假如有一天，太阳的能量耗尽了，地球上的传统燃料也所剩无几，掌握了原子能就能解决能源匮乏问题。现在我们从煤炭、石油中获得的能量，实际上也是来自太阳能。我们可以利用河流的落差获取势能，但如果没有太阳的照射，水分子也不会在大气中实现循环，那么河流终有一天会干涸。所以我们在地球上获得的各种传统能量，归根结底，都是来自太阳产生的能量。唯独原子核电站是个例外，它不依靠太阳能，只要我们充分利用地球上的原子，地球自己也能发出"光"来。如果有一天，地球的生命走到了尽头，或者地球变得不宜居住，到那时我们也许可以利用原子能向其他星球移民。

在西方神话中，巨人普罗米修斯把天火带到了人间。可事实上，人们所使用的火充其量算是地火。真正的天火在恒星上，那里的原子核在电子中互相碰撞，原子核在分裂的过程中，可产生几千万摄氏度的高温。

那些为了获得原子能而探索的人，他们才是真正意义上的普罗米修斯，是他们让我们拥有了只有在恒星上才有的能量，让我们人类进入一个新时代。①哲学家德谟克利特是最早提出原子理论的人，他为后世的科学家们指明了方向；罗蒙诺索夫指出化学研究与电之间的关系；门捷列夫第一个发明了元素周期表；他们在通往原子世界的道路上为后来的科学家开辟了一条崭新的道路。在这条道路上，他们的名字都是一座丰碑。

读书笔记

❶排比

列举了德谟克里特、罗蒙诺索夫、门捷列夫在原子领域所做的贡献，突出了他们在该领域的地位。

精华赏析

本站走进原子世界,介绍了原子研究的发展历程。古希腊哲学家率先提出原子理论,接着一大批学者开始研究原子,各种各样的新元素被发现。由于新元素不断地被发现,并且各有各的特性,造成了人们认识上的混乱。于是门捷列夫为了解决这一现状,制作了元素周期表。人们越来熟知元素,通过研究元素人们发现了电流,但是并不懂得其产生的原理。经过不断的研究,伦琴最后得出在放电状态下,玻璃管能发射肉眼看不见的射线。两年之后,居里夫妇发现了镭元素。原子论的发展历程并不顺利,经过不断的实验,科学家们终于打开原子世界的大门,使原子论真正在科学界有了一席之地。原子核的发现使得科学发展进入一个新的领域,例如原子弹的爆炸、原子能的利用等。通过本站我们知道了原子与我们密切相关。

延伸思考

1. 谁发明的元素周期表?
2. 镭元素是被谁发现的?
3. 当时科学界分为哪两派?

相关链接

同位素

同位素是指同一元素的不同原子,这些不同的原子有相同数量的质子,但是中子的数量却不同,它们在元素周期表上占有同一位置,化学性质几乎相同。自然界中许多元素都有同位素。同位素有的是天然存在的,有的是人工合成的;有的有放射性,有的没有放射性。

第三章 灯的故事

在原始社会，人们不懂得使用火，因此在黑夜里也得不到光明。后来，人们发明了蜡烛，从此人们告别了夜晚的黑暗。到了现代，各种类型的电灯不仅给人类带来了光明，更把人类的家园点缀得无比璀璨。下面就让我们走进灯的世界，了解一下灯是怎样从无到有，不断发展的。

第一站　没有灯的街道

名师导读

人们的生活处处离不开光，不仅人类需要光，大自然也需要光，所有的色彩都与光有着密切的联系。正因为光的出现，才让人类走出了对黑夜的恐惧。很久以前，人们并没有电灯，到了晚上只能点起昏暗的油灯。为了寻求光，人们不断地摸索、研究，那么作为照明工具的灯，又是如何一步步走进人类世界的呢？

向往光明

如果问你是谁发明了电灯，你一定会立即答出一个名字——爱迪生。

这个答案准确吗？事实上，在爱迪生之前就已经有很多人在进行类似的研究发明，爱迪生只是其中的一个。现在我们所使用的各种类型的灯，凝聚了许多发明者的心血。

① 古时候，马路上是没有灯的。一到晚上，路上一片漆黑，所以那时的人们晚上很少外出活动。如果实在要出门怎

❶设问
表达了古人夜晚外出的尴尬。

么办？他们就会点上一盏冒着黑烟的油灯，借着一点微弱的亮光前行。

如果把这盏有上百年历史，长得像玻璃瓶似的油灯和我们的电灯相比，它们之间找不到一点共同之处。但是，这盏油灯在历史上却有着不可或缺的地位。严格来说，它是现代电灯的祖先呢。

屋子里的火

油灯虽然丑陋，但与它的前任们相比，它完全算一件精美的器物了。

很久很久以前，人们生活中什么灯也没有。1500多年前，在巴黎曾有过一个叫琉提喜阿的破败小镇，整个小镇上都是瓦房和茅草屋。随便走进一间屋子，你会发现每一间屋子的中央都有一个正在燃烧的火堆。

①尽管房顶上有个洞，但烟却不想这么快溜出去。弥漫在房间里的浓烟，熏得人眯了眼睛，浓烈的刺激性气体呛得人不住地咳嗽。

这个火堆有几个功能：一是煮东西；二是取暖；三是照明。

在茅草屋里烧火堆是极其危险的，因此那时常常发生火灾。

那时的人怕火，就像怕凶猛的野兽。他们提心吊胆，十分小心，以防大火烧毁自己的房子。

大约在800年前，欧洲出现了带烟囱的炉子，但在俄国出现得更晚一些。

在没有烟囱的时代，生火是一件令人头疼的事，你必须

❶叙述
说明当时人们生活极其不方便。

开着门，让烟尽可能跑出去。为了让孩子既不被烟熏着，又不着凉，冬天睡觉时，家长会把孩子从头到脚裹得严严实实。

照明的木片

后来人们想到，为了照明，没必要生一大堆火，只要烧一根木片就能照亮屋子。

①而且烧火堆会产生大量的烟，在夏天还会非常闷热，最重要的是安全得不到保障。就这样，照明木片出现了。人们从一根干燥、笔直的木柴上劈下一块约半米长的木片，晚上将它点燃，这样就能起到照明的作用。

在当时来讲，照明木片是一项了不起的发明，它也为人们送了几个世纪的光明。

照明木片有个最大的缺点，那就是难以点燃。

点过木柴的人都知道，要想尽快点燃木柴，就要斜着拿，最少让它呈45°角。这是为什么呢？

②因为火焰总是沿着木头向上蹿的，而点燃的木头附近的空气被烧热后，要比冷空气轻，火陷会随着它往上蹿。所以照明木片要倾斜着拿，被点燃的那头朝下，否则就不容易点燃。但是，人们也不能一直拿着照明木片，于是人们想出一个办法，把照明木片插进一个底座中。这个底座是一根放在支架上的直棒，直棒上有个铁夹子，照明木片就固定在这个铁夹子上。

这个照明工具比火堆好用得多。

照明木片难以点燃的问题解决了，但是它还有冒黑烟和掉火星的问题。人们不得不在它下面放一块铁片，以免火星掉在木头上引起火灾。另外，它的燃烧时间相对较短，得时

❶叙述
人们选用照明木片来代替火堆，是一种进步。

❷做比较
由于热空气比冷空气轻，因此火焰往上蹿，为下文埋下了伏笔。

刻留意它，以便及时换上新的木片。

大人们忙碌的时候，照看照明木片的工作就由家里的孩子来负责。

木片的代替者——火炬

照明木片解决了夜晚的照明问题，但是做这种木片的木料不是随处可以找到的，于是人们又开始继续寻找它的代替品。后来人们发现，带有树脂的木头做成的木片点燃后发出的光特别亮。也就是说，木片点燃后的亮度取决于木片含油脂的多少。知道了这个秘密，人们就把普通木片在树脂里浸一下，点燃后果然比天然木片要好用。

树脂的发现催生了火炬的出现。

①火炬燃烧时可以发出更明亮的光，在隆重的节日里，点上几个火炬就能照亮整个大厅。

有一个故事曾这样描述：加斯顿·得·法在自己的城堡里吃饭时，会安排12个仆人手握火炬给他照明。

在一些皇宫里，火炬用不着仆人拿着，而是有专门的塑像用来插火炬。

火炬和照明木片直到现在都没有退出历史舞台，现在偶尔在一些场合还能看到它们的身影。

第一盏灯的出现

考古学家在法国的一个山洞里，发现了燧石刮刀和鹿角鱼叉，同时还找到一个用砂岩做成的浅茶杯。

浅茶杯的杯底覆盖着一层黑色的东西。这层黑色的东西引起了考古学家的好奇，把它拿到实验室研究发现，这是油

读书笔记

❶叙述
因为树脂的发现，火炬开始出现，推动了照明工具的发展。

脂燃烧后形成的油垢。

考古学家由此推断，这是远古时期人们使用的一盏灯，这表明人类还在山洞里居住时就开始使用油灯了。

这盏灯没有灯芯，更没有玻璃罩，相信那时的油脂一定掺杂了不少杂质，点燃后会冒出很多黑色的烟。虽说如此，但它却在漆黑的夜里带给人们光明。

灯和工厂的烟囱

油灯为什么会冒黑烟？

这和工厂的烟囱冒黑烟是一个原理。① 有时候，你会看到工厂的烟囱冒着浓浓的黑烟，这说明工厂的炉子要么出了问题，要么就是燃料有一部分没有充分燃烧，就通过烟囱飞了出去。

不过飞出来的不是燃料，而是烟炱，也就是那些没有充分燃烧的炭微粒。

出现这种情况的根本原因是火离不开空气。

以烧木头为例。为了让木头充分燃烧，锅炉工应该时不时地打开烟囱的风门，好让足够的空气进入炉膛。如果炉子中空气缺少，一部分木柴就不能充分燃烧，它们就会化为烟炱飞出去。这就是烟囱里会冒出浓浓的黑烟的原因。

② 灯盏的烟黑也是炭的微粒。灯用的油怎么会产生炭呢？做灯油的通常是煤油、树脂或动物油脂，虽然表面上燃油里看不到炭，但它确实是燃油产生的。就像你在糖水中看不到糖，在盐水中看不到盐是一个道理。

如果煤油灯做得好，就能减少或不产生黑烟，因为炭被

❶叙述
说明了工厂的烟囱之所以会冒出浓浓黑烟的原因。

❷设问
解释了灯用油会产生炭的原因。

充分燃烧了。

①古代的灯盏控制不好空气的量,所以冒黑烟是不可避免的。燃烧需要充足的空气,如果空气不够,炭粒就不能充分燃烧。导致空气不足的原因是灯盏中的油过多,应该让油一点点地流向火焰,这样才能避免冒烟。

灯芯就是在这种背景下产生的。

灯芯是由许多线缠绕在一起组成的,每根线都是一根导管,油脂会顺着它流向火焰,这样就能控制油的燃烧量,避免产生黑烟。

❶叙述
　　为下文灯芯的出现做铺垫。

碗灯和茶杯灯

你听说过赫库兰尼姆和庞贝这两座古城吗?它们都是曾经繁华的城市,在维苏威火山爆发的时候被火山灰淹没了。现在考古学家已经把这两座城市从火山灰中挖了出来,并找到许多古迹,这其中就包括当时用的灯盏。

这些古老的罗马灯盏,都是用黏土做成的,上面装饰着青铜的饰物。这些灯盏看上去更像一只小碗,从碗嘴里伸出一根灯芯。碗的侧面有一个手柄,方便人们移动这些灯盏。灯盏里使用的是一种植物油,灯芯点燃后会慢慢被烧掉,因此要经常把盘在灯盏里的灯芯提上来一点。

几百年过去了,很多事物发生了巨大的变化,但灯盏的结构一直没有太大的变化。你在中世纪的城堡中一样能看到跟庞贝城一样的灯盏,不过这时的灯盏容量更大了。

灯盏里只需要两种材料——油脂和灯芯,而装油的灯盏却显得不那么重要。即使不使用灯盏,也能点亮灯芯,这是怎么做到的呢?

读书笔记

只需要把灯芯放在熔化的油脂里浸泡一下，让它吸足了油脂，取出来让油脂冷却凝固，它就成为蜡烛的雏形。

古人就是这样做烛的。他们把几十根灯芯绑在一根木棍上，然后一起浸入油脂罐里。把它提出来让油脂凝固，然后再浸入油脂里，这样反复几次之后，灯芯外层就会裹上厚厚的一层油脂。这就是古代的烛。这种烛根据制作方式，叫作"浸烛"。手巧的主妇们从来不买蜡烛，因为她们在家里自己就能制作。

后来，人们用白铁或锡做成模子浇制烛，这样做出来的烛笔直又好看。当然也可以用蜡做，但用蜡做的烛成本就要贵多了。

蜡烛在当时是一种奢侈品，只在隆重的场合才会用到，就连国王平时都舍不得用一根蜡烛。

在一些场合，人们觉得点燃的烛越多，说明这个活动越隆重。

但是你想一下，如果在一个大厅里点燃上百根烛，它们散发的热量该有多大啊。所以，在一些宴会上，扇子成了必需品。

热还是其次，最大的痛苦是烛燃烧的浓烟呛得人受不了。

蜡烛是奢侈品，但是油脂烛事实上也不便宜。①19世纪初，一家人晚上还仅靠一支烛过夜，当有贵客临门时，主人才狠下心点两三支烛，这时就会让人觉得房间里明亮极了。

点燃3支烛就成了奢侈的事？这不免让现代人感到不可思议，因为就算点20支烛，也不能与现代的灯所发出的光媲美。

现在就连蜡烛我们都嫌差，可是我们的祖先们却使用质

❶叙述
体现了当时蜡烛的珍贵。

量更差的油脂烛来照明。油脂烛会产生黑烟，更麻烦的是，你得时不时为它剪烛花。如果不这么做，灯芯会垂下来，烛泪就会越来越多，然后火焰就会变大，这样一来，熔化的油脂也就越多。油脂顺着烛流下来，都浪费了。因此，你得把多余的烛芯剪掉。在放置烛的托盘旁边一般都会放一把剪刀。

①用手去掐灯芯，有被烧伤的危险，如果有外人在，也会有失体面。用剪刀把多余的灯芯剪掉甩在地上，然后用脚把它踩灭。用当时的话说，就是"别让这难闻的气味把我们熏着"。

❶动作描写
说明当时的灯芯做得不够科学，用手去掐灯芯有一定的危险性。

现在的蜡烛灯芯做得很科学，它会自己燃烧掉，人们不用在它旁边专门配一把剪刀了。

现在的蜡烛最热的地方是在火焰上部，而不是燃烧着的灯芯本身。这样能保证灯芯得到充分的燃烧。而在油脂烛中，火焰永远会围着灯芯，因此它燃烧不充分，总是会留出一截半焦的顶头。

现在的蜡烛的灯芯不是搓出来的，而是编出来的。整个灯芯都编得很紧，露在外面的灯芯的顶头正好在火焰最热的部分，它会跟着蜡烛一点一点烧尽。

烛钟

在手表还没出现的古代，当有人问几点时，人们会看看烛，然后告诉对方现在是几点了。那时的烛不仅是照明工具，也是计时工具。

读书笔记

有个故事里讲到，在查理五世的小教堂里，有一支烛昼夜燃烧着，这支烛用黑线划出 24 个刻度，1 个刻度代表 1 小时。有人专门负责管理这支烛钟，当国王询问时，他要向国王回禀烛钟烧到哪个刻度了。这支烛比生活中用的烛要大许多,它正好能燃烧 24 小时。

几百年的黑暗

在火炬、油脂烛以及后来的蜡烛出现之后,有上千年的时间,人们满足于这点微弱的光芒。

可是这些灯发出的光不仅微弱,而且还冒出令人难以忍受的黑烟,并发出"噼噼啪啪"的响声。

最早的手提灯是没有玻璃罩的,但有一个金属片做的烟囱,这个烟囱周围打了一些孔,光线就从这些孔里散出来。那时还没有路灯,没有月亮的夜晚,马路都是漆黑一片。

那时的人更需要路灯。因为那时的道路坑洼不平,有的地方污水横流,垃圾扔得到处都是。在伸手不见五指的晚上,走在这种路上,一不小心就会绊个跟头。人们晚上出门时,要紧贴着房子走,走路时还要时刻留意周围的情况,说不定什么时候,突然楼上的窗户打开了,一盆污水就泼了出来。

一则故事中的主人公就讲过这么一件事:① "有一天晚上,月亮没有出来,马路上伸手不见五指。我摸索着往前走着,走了有一半的路程,突然楼上的窗户推开了。我还没来得及反应,一盆脏东西就泼了出来,从头到脚浇了我一身,我浑身臭不可闻。我顿时左右为难,我思忖着我该怎么办?如果往回去,我的同伴们一定会拿我取乐,我岂不成了他们的笑料?"

为了出门"安全",有钱人晚上出门会带上自己的仆人,让他提着手提灯在前面带路。

❶语言描写
彰显了当时因为没有路灯而给人们带来的尴尬。

精华赏析

本站主要介绍了在古代，人们为了得到光明采取的方法。古时候没有灯，最开始，人们只能靠点燃火堆、木片、火炬来照明，但是在得到亮光的同时也要忍受浓浓的黑烟；后来虽然出现了灯盏，但由于油脂不能充分燃烧，也会冒出黑烟。在这种情况下，灯芯出现了。最早的灯芯做得不够科学，只能靠人用剪刀剪去烛花，十分不方便；后来，灯芯越做越科学，蜡烛也随之出现了。

1. 最开始人们是利用什么取得光明的？
2. 油灯为什么冒黑烟？
3. 人们为什么要掐去灯芯？

爱迪生

托马斯·阿尔瓦·爱迪生（1847—1931），世界著名的发明家、物理学家、企业家，出生于美国俄亥俄州米兰镇。他一生的发明超过2000项，其中有许多重要的发明，比如留声机、电影摄影机和白炽灯等，对世界产生了极大的影响。

第二站　路灯亮了

名师导读

　　灯光使黑夜有了亮光，让我们在黑暗中能够看清前方的道路，在夜晚有了安全感；因此，灯成了我们生活的必需品。在电灯出现之前，人们大都日出而作，日落而息，没有晚上加班的概念。但是随着时代的发展和科学的进步，人们在晚上也可以工作了。那么电灯是如何出现的？它的发展进程又是怎样的呢？

黑夜和白天

　　古时候，不管是在繁华的都市，还是在宁静的乡村，人们一天的活动大都是从日出开始，到日落结束。那时还没有灯，人们夜里不用加班，也没有什么夜生活。人们日出而作，日落而息，生活非常规律。

　　蒸汽机的出现带动了工业的发展，大型的作坊和工厂相继出现，人们的生活方式发生了翻天覆地的变化。工厂不仅白天开工，夜里也要生产，太阳还没升起来的时候，工厂里的汽笛就开始鸣叫起来，催促着工人们赶快去上班。原来规

读书笔记

律的作息习惯被打乱了，人们的活动不再局限于白天。这样一来，晚上出行的工人们就迫切需要路灯为他们照明了。但是做成这件事首先要考虑一个前提条件——路灯所用的材料必须是廉价的。

于是人们开始着手发明这种路灯，最终发明了天然汽灯和油灯。当然，这些灯不是一下子就研制出来的，就像一座城市要经过多少代人的努力，才能建设成一定的规模一样。

烛焰神秘消失了

科学家首先尝试改造油灯。要做一盏好的油灯，不仅要知道油是怎么燃烧的，更要懂得燃烧的原理。人们把这些问题搞清楚以后，才能做出一盏好的油灯。

我们先做个试验，把一支点燃的蜡烛，放到一个瓶子里，再用盖子把瓶口盖上。盖子刚盖上时，蜡烛还能继续燃烧，之后，火焰就开始变得越来越微弱，用不了多久，火焰就会熄灭。我们再取一支蜡烛点燃，快速放进这个瓶子里盖上，它马上就熄灭了。

瓶子中并不缺少空气，但它一定缺少了燃烧需要的条件。而这个条件也是一种气体，它是空气的组成部分，它就是氧气。当蜡烛燃烧时，氧气会被消耗掉，当杯子中没有氧气时，蜡烛也就不能燃烧了。

① 在蜡烛燃烧的时候，我们能看到它在缓慢地熔化，而氧气的消耗却是看不见的。怎么解释这种神秘消失的气体呢？

拿一只玻璃杯倒过来，罩在蜡烛的火焰上，不大一会儿，玻璃杯的内壁就会蒙上一层模糊的东西，这就是水汽。也就是说，燃烧能得到水。燃烧会产生除了能看到的水之

❶ 疑问
提出如何解释消失气体的问题，为下文做了铺垫。

外，还会产生一种看不见的气体——二氧化碳。杯中缺少氧气，以及二氧化碳过量就是让蜡烛熄灭的主要原因。

如果你把二氧化碳气体从杯中释放出来，再放入一支燃烧的蜡烛，它就不会马上熄灭了，只有当燃烧产生足够的二氧化碳后，火焰才会熄灭。①换个角度讲，蜡烛燃烧时，氧气并没有消失，而是变成了二氧化碳和水。

以前的人不懂这些科学知识。直到16世纪初，伟大的意大利画家、科学家兼工程师——达·芬奇才研究出燃烧的真正奥秘。

❶叙述
通过叙述解释了问题，呼应了前文。

带烟筒的灯

②达·芬奇经过研究发现，如果炉子里的空气不足，就会造成燃烧不充分，同时产生大量黑烟。

受到炉子的启发，他推断，如果给灯具装上良好的通风设备，就像给炉子装上烟筒一样，就能让燃烧点获得充足的空气。热空气上升过程中会把二氧化碳和水蒸气一起带走，带有氧气的新鲜空气从下面加入进来，形成良好的空气循环。

就这样，灯罩产生了。

最早的灯罩是用铁皮做成的烟筒，就像工厂的烟囱那样。这根烟筒不是直接罩在灯具的外面，而是用一个支架放在火焰的上方。直到两百年后，有个叫垦开的法国药剂师，用玻璃做成透明灯罩，试用之后发现效果很好，玻璃灯罩这才代替了铁皮灯罩。

但是垦开的思维还是不够活跃，他没有想到用玻璃将整个灯具罩住，还是做成烟筒架在火焰上面。又过了30年，有个叫阿尔甘的瑞士人才对这种灯罩做了改进，从而产生了近代灯罩的雏形。

❷背景介绍
达·芬奇发现炉子燃烧时空气不足会产生大量的黑烟，因此受到启发，从而发明了灯罩，从而引出下文。

复杂的灯

和生物进化一样，灯也经历了一个漫长的改进过程：先有了盛油的灯盏，然后制造出灯芯，再后来出现了玻璃灯罩。

虽然灯具在改进，但灯的亮度却长期困扰着人们。即使使用了玻璃做的外罩，灯发出的光也不比烛光亮多少。植物油渗透力不强，很难渗入整个灯芯内部，煤油要好一些，但那时人们还不会开采石油。

我们来做个实验，准备两张吸墨纸，同时放进煤油和植物油中，你会发现，煤油渗入纸片的速度明显比植物油快。

因为油不能很好地渗入烛芯，所以火焰面积就小。既然油不能自己渗入灯芯，那就让人帮帮它。

在达·芬奇发现燃烧的奥秘不久，一个叫卡尔丹的数学家想出了一个办法。他把装油的容器安装在灯的上部，通过重力的作用让油自上而下注入灯芯中，这样就能增加灯芯的渗油量。这时，容器和灯芯之间需要的导管成了重点。

后来，一个叫卡塞尔的发明家给油灯装了一个泵，靠这个泵给灯芯输送油。这样一来，这种灯就成了一台机器：它有输送装置，用一种类似钟表的机械作动力为灯头输送油。这种灯有很好的照明效果，为了纪念他，这种灯就叫作卡塞尔灯。至今还能在一些灯塔上看到这种灯，因为它发出的光十分稳定。

后来又有一位发明家，在盛油的灯盏里装了一个金属环和一个弹簧，弹簧压着环，环压着油，油就顺着管子流到灯头里。这种带减速装置的灯一直沿用到近代。

阿尔甘灯

① 尽管这些灯设计得很巧妙，结构又十分复杂，但它们

读书笔记

❶对比

借助对比，为下文煤油灯的出现埋下了伏笔。

远不如后来的煤油灯好用。

这些灯都有一个共同的缺点，那就是灯芯不好用。它们用的灯芯和油脂烛的灯芯大同小异，依旧亮度不高，仍旧冒着黑烟，因为空气进不到火焰内部。后来，法国人列齐亚改进了灯芯的结构，以前的灯芯都是圆柱形的，而列齐亚将它改为扁平状的，这样一来，火焰也变成了扁平的。这样改造后空气就能很容易地进入灯芯的内部。这样的灯芯后来主要用在小型煤油灯中。

那个想出用玻璃罩罩住灯具的人——阿尔甘，又发明了一种更好的灯芯。他的做法是将扁灯芯卷成筒状，这样，空气不仅能从内部进入火焰中，还可以从外部进入火焰中。后来阿尔甘灯芯被用在较大的煤油灯里了。我们来仔细研究一下这个灯头的结构。灯头上有一条细缝，一根金属管露出来，灯芯就放在这根金属管中。这根金属管四周布满了小孔，通过这些小孔，空气就能进入灯芯，再进到火焰中心。

阿尔甘灯的出现让人们欢欣鼓舞，但也有反对它的声音。①有一个年长的女作家德·让礼斯伯爵夫人说："自从越来越多的家庭用上这种灯，年轻人戴眼镜的也跟着越来越多。"

这种说法是没有科学依据的，因为阿尔甘灯并不会伤害人的眼睛。

第一盏路灯

从灯盏到阿尔甘灯用了几百年的时间，这期间城市和街道也发生了深刻的变化。

世界上第一个用上路灯的城市是巴黎。但是那时的路灯不是公共设施，而是由居民提供的。②巴黎的警察要求每天晚上9点起，巴黎的每家每户都要在底层的窗台上点上灯。

❶语言描写
说明阿尔甘灯在当时并没有被所有人接受。

❷叙述
说明当时路灯稀缺，各种资源有限。

后来又出现了以手持火炬、提灯盏为职业的人。

又过了许多年，巴黎终于出现了真正意义上的路灯。这是一件划时代的大事，路易十四下令铸造纪念碑来庆祝此事。一些外国游客更是记下了灯光璀璨的巴黎夜景。路易十四执政期间被称作"光辉时期"，据说，这要归功于路灯呢。

现在我们还能找到那个时期的人写的回忆录，比如这本《巴黎游记，或者给那些在巴黎旅行的绅士的详细指南，告诉他们该做什么，以便合理安排自己的时间和钱》，作者是太子殿下瓦里捷克的顾问约希姆·克里斯托夫·聂美茨，1718年写于巴黎。你没有看错，当时就流行这么长的书名。

在这本书中，你能看到以下的场景描述。

①晚上10点或11点，你还能安全地走上街头。当夜幕降临，所有的街道上、桥上的路灯就会点亮，一直持续到次日凌晨两三点。路灯之间保持着相同的间距，它们用链条悬挂在街心。当你晚上在大街上散步，看到一条街上排列整齐的路灯，一定美得让你沉醉。

街边的小店可以长时间营业，咖啡厅、酒馆和烟铺最晚到夜里11点才打烊。这些店的窗户里也散发出灯光，它们和路灯一起交相辉映，让夜里的街道也像白天一样明亮。

街上喧闹着，在这样热闹的街上，几乎不会出现谋财害命的案件。但我不敢保证，在没有路灯的偏僻街道会不会安全。我建议如果晚上没有特殊的事情，还是不要出门为好，虽然街上有警察骑着马在巡逻，但是总有他们照顾不到的地方。

不久前的一天夜里，利齐蒙特公爵的马车在离新桥不远的地方被一伙陌生人拦住，其中一个歹徒跳上马车，用剑刺死了公爵。

❶直接引用
表现了当时灯在巴黎非常流行，并被广泛应用。

读书笔记

晚上10点过后，如果不提前预约，就很难雇到马车了。这时如果要出行，最好带上一个随从，让他提一盏灯给你带路。

新式路灯沿用了很长时间。在瓦那街和格列夫广场的转角处有一盏路灯，在法国大革命时期出了名。起义的巴黎人将朝廷的官员押到这里绞死。一个教士被拖到这里时，喊出了一句话："你们绞死我吧，希望我的死能让你们的世界变得光明。"这句话挽救了这名教士的性命。

又过了20年，伦敦街头也亮起了路灯。有一个名叫爱德华·黑明格的人，他很擅长搞发明，只需给他很少的报酬，他就能让街道上每隔十户安上一盏路灯。

他还建议，除了没有月光的夜晚，无须夜夜点亮路灯；一年四季除了冬季外，其他季节也不用点；点灯的时间也要控制在晚上6点至12点。

① 伦敦市政府就按照他的建议施行了。人们把他视作天才发明家，还说"任何发明都不能跟这个将黑夜变成白天的发明相媲美"。

19世纪30年代，俄罗斯的街道还是使用油灯照明。作家果戈理在他的小说《涅瓦大街》里对彼得堡大街上的夜景做过如下描述：

② 当黑暗笼罩大地，房屋和街道陷入黑暗时，披着席纹布的更夫就会爬上梯子，点上路灯……这时，涅瓦大街就像复活了一般，又热闹了起来。这层金色的光芒映照着所有的一切，显得那么动人。

……长长的影子沿着墙和马路跳动着，它们的顶部几乎与警察桥连在了一起。

❶ 引用
说明黑明格的发明在当时很受重视，政府甚至采取了他的建议。

❷ 环境描写
描绘了当时彼得堡大街的夜景，渲染了一种压抑的氛围，但是这一切都因路灯热闹起来，体现了路灯在当时的重要性。

……离那路灯远一点吧,经过它们时,最好快速跑过去。如果它那难闻的灯油没有溅到你考究的燕尾服上,你可真是交好运了。

本站主要介绍了灯具的发展进程。在电灯出现之前,人们过着日落而归的生活,但是工业时代的到来打破了这一规律,渐渐地路灯成为人们生活的必需品。燃烧的炉子启发了达·芬奇,于是带烟筒的灯问世了;几年以后卡塞尔灯出现了,只是灯芯一直不太好用。为了能够更好地利用灯芯,阿尔甘灯诞生了,但并没有得到广泛应用,同时还有一些质疑的声音。几年以后,世界上出现了第一个用上路灯的城市——巴黎,随后路灯在巴黎普及起来;二十几年后,伦敦也出现了路灯。

1. 达·芬奇当年受到了什么启发?
2. 阿尔甘灯有没有被广泛应用?
3. 世界上第一个出现路灯的城市在哪里?

二氧化碳

一种在常温下无色无味无臭的气体,化学式为CO_2,密度比空气大,溶于水后生成碳酸。固态二氧化碳俗称干冰,可用作制冷剂,或用于人工降雨、制造烟雾等。

第三站 天然气灯和煤油灯

名师导读

最开始的油脂灯和油灯只能带给人类一点点微弱的光,人们为了寻找更亮的光,便利用天然气来获取光,随后煤油灯出现了。人们是如何利用天然气照明的?煤油灯是在什么背景下产生的?下面让我们一起来了解一下吧。

烛台上的天然气厂

大约在19世纪初,昏暗的油脂灯和油灯陪伴人们度过了许许多多个夜晚。这些灯的亮度是极为糟糕的,借助它看书是一种非常不好的体验,如果字体稍小一点,就根本看不清了。

灯点着之后,在最初的一小时里,它还能提供好一点的亮光,但越往后,就越暗淡了。①浓重的植物油爬不上灯芯,灯芯的头就会产生烛花。两个小时后,你得把烛花剪掉,灯才又亮了起来。

❶叙述
说明当时植物油灯很不方便。

人们思索着用什么油能代替效果不好的植物油,于是新的燃料出现了。如果说,灯盏替代木片是一次飞跃,这种新型燃料的出现则是另一次飞跃。这次出现的是一种气体,它的出现是灯具发展史上的一次重要变革。

灯里怎么能烧天然气，这种气体是从哪儿来的呢？

当一支蜡烛被吹灭时，烛芯里会升起一股白烟。这种烟可以用木柴点燃，火苗会顺着这股烟重新点燃灯芯。

一支蜡烛就是一个小小的天然气厂，燃烧的时候，硬脂或油脂先熔化，继而变成天然气和水蒸气，就是我们吹灭蜡烛时看到的东西。

燃烧着的天然气和水蒸气就是火焰。

这样的现象也发生在灯里。油脂或煤油在燃烧的时候变成天然气和水蒸气，于是就形成了火焰。

第一个天然气厂

有个天才想到，会燃烧的天然气不一定非要依靠灯本身产生，我们可以造一个天然气厂，用它给灯供气。但是天然气不像油脂那样可以从植物中获取，它来源于地下的一种资源——煤。

这个天才名叫威廉·麦多克，他的另一个贡献就是制造出了英国第一台蒸汽机。麦多克最初是一名普通工人，后来才成了博尔顿-瓦特工厂的工程师，那是第一座以蒸汽机生产为主的工厂。

麦多克在这个著名的工厂里组建了自己的天然气厂。他经历了种种意想不到的困难。他很清楚，想要从煤中获得天然气就要给煤加强热，但是热度过高煤就会自燃，天然气也会跟着燃烧起来。这个技术难题该怎么解决呢？麦多克想到了一个简单的办法。

他把煤放在一个密闭的炉子内加热，这种炉子叫转炉，因为密闭，所以内部没有空气，煤自然也不会燃烧起来，然后用一根导管将煤产生的天然气收集起来。

此外还有一个技术难题。天然气在产生的同时，也会产生烟黑和水蒸气，天然气顺着导管冷却的时候，水蒸气也会冷却成液态水。如果水太多，就会堵塞导管。为了避免这种情况的发生，工人们就需要把天然气从烟黑和水中分离出来。工人让天然气先通过一个冷却装置，也就是一套直立的管子，这些管子通过空气或水冷却。水蒸气和烟黑经过这些管子时就会凝结成液体，流到管子下面，而天然气则会从管子上部出去。

在麦克多做天然气灯的同时，一个名叫菲利普·勒邦的法国人也在做相同的研发。

1811年，在《最新发明、发现和改进》杂志中刊登了这样一段话：

勒邦先生已经在巴黎证实，燃烧一种他收集到的烟，能产生比油脂更明亮的光。他发明的灯照亮了七个房间以及整个花园。他将这种灯命名为"取暖灯"。

发明一个天然气灯的灯头，就不像发明一种好用的油灯灯头那样费劲了。只要在天然气导管的顶端留出一个很小的出气孔就足够了，天然气在这里点燃，就能发出明亮的光。

①随后，人们又想到把阿尔甘灯灯头用到天然气灯上，不过这种灯头也做了很大的改进，将原来的细缝改成许多排成一圈的小孔，灯头外也有普通的玻璃罩罩着。

天然气灯出现的时候，油灯的结构已经非常成熟了，因此，发明家借鉴油灯的外形，用来制作天然气灯。

天然气灯问世，引起的轰动不亚于后来出现的无线电和飞机。

天然气灯成为街头巷尾、家庭小聚的谈论对象，我们摘录一段报纸上的报道：

❶叙述
介绍了人们将阿尔甘灯运用到了天然气灯上，并对它做大幅改进，从而推动了天然气灯的发展。

① 不论白天还是夜晚，人们都能在房间点上一种火，它不用人看管。把它吊在天花板上，它就能照亮整个房间。神奇的是，它不会冒出难闻的烟。

❶引用

借助原文，交代了当时人们的照明方式，突出了天然气灯给人们生活带来的便利。

在当时的报纸和杂志上经常能看到一些关于天然气灯的诗歌、漫画或讽刺画。有一幅漫画画的情景是这样的：街上站着一个摩登女郎，她旁边是一个女乞丐，摩登女郎没有头，代替头的是一盏天然气灯，而女乞丐的头则是一盏油灯。

另一张漫画画的情景则是这样的：一盏用性感的腿在跳舞的天然气灯，与之形成对比的是，旁边瘫坐在地上的一盏臃肿的油脂灯。在油脂灯的下面还画着两个老人：一个戴着眼镜看书的老头儿和一个在织袜子的老妇人，他们借着微弱的灯光各干各的，熔化的油脂滴在他们头上。

不是谁都喜欢天然气灯，它最初就不受小商铺商人的喜欢，因为他们害怕天然气爆炸，一旦发生灾难，就会让他们倾家荡产。天然气是靠地下管道传输的，就像自来水那样。区别在于，来自水要建一座高塔，借着压力流入千家万户，而天然气则要建在城市的最低处，因为天然气很轻，它是往上走的。

现在天然气已不再以照明为主了，它进入了厨房，为我们的一日三餐贡献着力量。

公子哥、鞋匠和仆人

街上安装了明亮的天然气灯，给人们的出行带来了方便。但人们的家里大多数还用着老式的油灯。天然气对于普通家庭来说太贵了，而油灯的缺点更多。

据说，作家别林斯基的写字台上就放着一盏油灯，但他很少使用，因为他厌恶油灯发出的气味。晚上写作时，大多数情况下，别林斯基会点两支蜡烛。

人们很长时间都没有找到更好的燃料来替代油脂，所以在新型燃料没有出现之前，发明家们就继续改进旧的油灯。

有人发现，用一种柔软、油腻的油脂可以做出漂亮的蜡烛，它燃烧的时候不会产生黑烟，也没有难闻的气味。这种材料是从油脂中提取出的最好、最硬的那部分，也就是硬脂。

油脂的主要成分是甘油和脂肪酸，而脂肪酸的类型是多种多样的，坚硬一点的叫硬脂，柔软一点的叫混脂酸。

要从油脂中得到硬脂，首先要把甘油分离出去。把油脂放在水和硫酸的混合液中加热，脂肪酸就会浮上来，甘油则会沉下去。把脂肪酸提取出来，再用压榨机把硬脂和脂肪酸分离，就会得到一块硬脂块。最后把它熔化，浇制成烛。

硬脂烛最早是由法国人发明的，不久，这种技术就在全欧洲得到了推广。

硬脂烛受到广大用户的喜爱，只要把它和油脂烛或蜡烛对比一下，就知道它的优点在哪儿了。

让我们看看革命者索菲娅的兄弟别洛夫斯基是怎么评价硬脂烛的吧。

那个时候，人们晚上使用的都是油脂烛，牌桌上也是一样。烛的一旁还要放置一个用来剪烛花的剪刀，讲究一点的，则用银做成精致的剪刀。我们晚上也是靠它来工作的。

有一次，父母去彼得堡出差，返家时带回一箱新鲜玩意儿——一箱硬脂烛。

注释

甘油：一种无色、味甜、澄明、黏稠的液体，能从空气中吸收潮气，也能吸收硫化氢、氯化氢和二氧化硫。

脂肪酸：一种最简单的脂类，也是许多更复杂的脂类的组成成分。脂肪酸在有充足氧气供给的情况下可氧化分解为 CO_2 和 H_2O，释放出大量能量。

没过多久，就是12月4日，这一天是母亲的命名日，我们家举行了一场舞会。所有房间的枝形吊灯和灯座上都点上了这种硬脂灯，烛光闪烁，异常温馨，惹得众多人前来观看。

硬脂烛同样成为漫画家的素材，在一本杂志上就有这样一幅漫画：两支硬脂烛被画成一身盛装的一对夫妻，骄傲地站在画中央。右边是一个肮脏的鞋匠，头顶一支油脂烛，烛泪顺着他的身体流下来，滴满整个破旧的衣裳。左边画的是一个头顶蜡烛的仆人，他弯着腰，手里捏着一根长长的棍子，这根棍子是用来点吊灯的。

油脂烛和蜡烛有着同样的缺点：光线昏暗，会冒黑烟，而硬脂烛则没有黑烟，且光线要明亮很多。

要理解这幅漫画，你得熟悉当时的历史背景：那个时候，鞋匠和仆人都被看作下等人，他们甚至比不上一事无成的公子哥。

问题其实很简单

硬脂烛的出现解决了很多问题，但是油灯的问题很长时间依旧难以解决。

不论发明家想出了多么新奇的点子，不论加泵、加弹簧，油灯的效果总不能令人满意。

后来人们意识到，解决亮度的问题不在于灯的本身，而在于灯用什么样的燃料。

19世纪中叶，人们掌握了从煤中获取煤油的技术。这一长期困扰人们的技术问题终于得到了圆满解决。

其实这些问题的关键点在于怎么让天生的燃料燃得更好。

煤油不用考虑这个问题。比起传统油脂，它很容易被灯芯吸收，所以发明煤油灯的人——美国人西利曼完全不用考

读书笔记

虑改进煤油灯，只需要把传统油灯里的多余部件，比如泵、弹簧，这些用不着的东西——拆除。

很多事情就是这样，当你费尽心思地想发明一件东西时，到最后却发现，你需要的仅仅是一把钥匙。

煤油正是解决油灯问题的钥匙。

本站主要介绍了天然气灯和煤油灯的发展史。因为植物油的燃烧会产生大量的黑烟，极为不方便，天然气便代替了植物油，于是就有了第一个天然气厂。天然气厂可以给灯提供燃料，但是天然气的提取十分困难，于是人们使用转炉与冷却装置攻克了这一难题。随后出现了天然气灯，给人们生活带来了便利。虽然天然气灯开始普及，但还是有一些人喜欢老式的蜡烛，硬脂烛的出现不再有黑烟，光线也比原先更亮。总之，光明已然走进了千家万户。

1. 植物油灯有哪些缺点？
2. 天然气为什么难提取？
3. 硬脂烛比油脂蜡烛好在哪里？

植物油

植物油是由不饱和脂肪酸和甘油化合而成的化合物，它广泛分布于自然界中，是从植物的果实、种子、胚芽中得到的油脂，花生油、豆油、亚麻油、蓖麻油、菜籽油等，都属于植物油。

第四站　不用火的灯

名师导读

　　古代的人类为了获取光明，发明了天然气灯和煤油灯，但在那个时期，灯的发展一直处于只有点燃才能获取光的水平。下面就让我们走进这一站来感知不用点燃便可以发光的神秘世界吧！

拨火棍和灯

　　①拨火棍不会发光，怎么会和灯联系在一起？

　　但是我们可以让拨火棍变色，只要把它放在火焰里烧上一会儿，它就会变得通红，如果我们继续给它加热，它就会由暗红色变为樱桃红色，然后再变成淡红色、黄色，最后变成白色，到这时拨火棍就白热化了。

　　当然，我们家里使用的炉灶是不可能将拨火棍烧成白色的，因为这需要很高的温度。

　　任何一种灯或烛的发光原理，实际上跟拨火棍变色一样，都是加热到一定温度，然后白热化的。

❶疑问
　　提出问题，引起读者深思，进而引出下文对拨火棍和灯的关联介绍。

❶ 比喻
　　借助于比喻，生动形象地写出了炭微粒的渺小。

① 烛和灯的火焰中含有白热化的炭的微粒，就像一道阳光下的浮尘那样。通常我们看不到它们，只有它们以烟的形式出现时，我们才能看到它的身影。

黑烟不是什么好东西，但火焰内部要是不产生黑烟也不是好事情。因为黑烟实际上就是没有燃烧过的炭微粒，比如酒精灯的火焰就不会冒烟，然而它的光微弱到几乎看不到。

换句话说，白焰就是白热化了的炭微粒。没有火的情况下，炭也能达到白热化，但得用电流把它加热，第一盏电灯就是根据这个原理制造出来的。

没有火的灯

如果在200年以前，你跟一个人说要发明一种没有火的灯，他会以为你是在痴人说梦。但事实上，那个时候的实验室里已经有人在做这项研究了。就像现在，一定有人在实验室里研发着常人闻所未闻的新事物。

俄国最早开始研究这种灯的是科学家瓦西里·彼得罗夫，他最终也发明出了不用火的电灯。

❷ 叙述
　　说明当时因为技术条件很差，发明电灯很困难，体现了当时社会的落后，制约了电灯的发展。

② 那时候受技术条件制约，要发明电灯是非常困难的。当时，人们还缺乏对电流的认识，只有极少数科学家知道电流知识。那时既没有发电机，也没有发电站，实验室的电流都是电池制造的。

电池可以提供电流，它沿着导线传输到灯上，再顺着另一根导线回到电池里。电池内部就像有一个泵，将电流输出去，再收回来。电池上输出电流的一端称作"正极"，用符号"+"来表示；收回电流的一端称作"负极"，用符号"-"来表示。

① 如果需要更强的电流，就要把电池串联在一起，需要的电流越强，需要的电池就越多。

现在我们来了解一下彼得罗夫用电池做试验的经过。

他准备了两根碳棒，一根碳棒用导线连在电池正极上，另一根碳棒用导线连在电池负极上。然后他将两根碳棒的顶端缓缓靠近，当两根碳棒就要碰到一起时，电流就通过两根碳棒之间的空气进行传导，瞬间产生一道火弧。如果把这道火弧放大，你会看清它发生了什么变化——一道由白热化的碳微粒组成的电流从"正"棒流向"负"棒。更奇妙的是，"正"棒上会形成一个凹穴，而"负"棒上会形成一个凸起。为了保持这道火弧不灭，就要时不时地将两根碳棒靠拢一些。这道火弧在物理上被称为"伏打弧"，是为了纪念意大利物理学家伏打而命名的。他和另外一些科学家创立了伟大的电学理论。

和煤油灯、烛和天然气灯的火焰一样，伏打弧也是将碳白热化而发出的光，区别在于，使碳白热化的不是火，而是电流。

1803年，彼得罗夫为此写了一本书来详细说明这项实验。按当时的习惯，这本书的书名也很长：《物理学家，瓦西里·彼得罗夫教授做伏打电流的实验报告，使用巨大的电池组，由4200个铜锌圈组成，现位于圣彼得堡的外科医学院》。

这本书对电弧有如下描述：

② 如果将一根碳棒靠近另一根碳棒，它们之间会产生明亮的白光，强热会让碳棒或快或慢地燃烧起来，于是产生光明。

❶叙述
说明了电池与电流的关系。

读书笔记

❷直接引用
直接引用彼得罗夫书中对电弧的描述，阐述了发光的原理。

这是关于电灯最早的文字描述。

但是这段描述没多少人看到。当时俄罗斯正处于农奴时期，关心科学的人只有极少数，而外国的科学界对俄罗斯学者的著作又不感兴趣。

13年后，英国科学家哈姆夫利·戴维才做了类似的实验。因为在科学界做出了杰出的贡献，所以他还被授予了男爵的称号，并被尊称为"戴维阁下"。戴维也因为这次实验而名扬天下。

而我们优秀的物理学家彼得罗夫却命运坎坷，他的发现不仅默默无闻，而且后来他还莫名其妙地被解雇。在他人生的最后几年里，他还要背上"落后的科学家"的称号。

复杂的灯又来了

最初，伏打弧只是一个有趣的物理实验，还不能将它应用到电灯里。因为炭燃烧得很快。

后来，一个科学家在实验中尝试用焦炭替代木炭。焦炭是天然气厂从煤中提取出天然气后的产物。

焦炭比炭燃烧得要慢，但是要把弧光灯点亮，就必须让碳棒之间的距离缩短到最佳的距离。于是，灯里再次出现了机械装置。使用这种机械装置的目的，是让碳棒两端缓慢而匀速地靠近，让两者最终靠近的距离总是保持相等。

这种弧光灯首先在巴黎的马路上点亮了。它足可以照亮

注释

默默无闻：无声无息、没人知道，指没有什么名声。

一个广场，但是它的造价太昂贵，所以不能大量生产。

后来，德国科学家阿尔泰尼克想出了一个主意，在灯的内部装了一块磁铁，碳棒上则装上铁片，靠磁力的作用让碳棒匀速靠近点亮弧光。

俄罗斯的电灯

①19 世纪 60 年代，人们把电灯称作"俄罗斯的电灯"。因为俄罗斯人雅勃洛奇科夫发明了第一盏实用的弧光街灯。

雅勃洛奇科夫改变了碳棒的放置方式，将两根碳棒由顶端对着放，改为平行并排放置。为了使两根碳棒之间的距离不发生变化就能产生弧光，他采用了交替给两根碳棒输送电流的办法。即先让这根碳棒为正极，然后再转到给另一根碳棒为正极，就这样，两根碳棒交替更换正负极，弧光就会稳定地发出亮光。

雅勃洛奇科夫研制的这种电灯，能发出红色或紫色的光。1877 年，巴黎的一条主街道全部安装了这种灯。

❶背景介绍
介绍了"俄罗斯电灯"，并引出下文。

情况发生了改变

在很长一段时间里，发明家们为了提高灯的亮度而伤透了脑筋。

可几百年后，发明家们又因为灯光太亮而发愁。

②事情是这样的，弧光灯需要强电流才能点亮，而它产生的亮度又太刺眼了。这种灯安装在空旷的广场上效果不错，但是如果安装在普通家庭里，就太亮了。

于是有人想到，脱离伏打弧的原理，只用电流使碳白热化，这样就能让亮度降下来。当纤细的碳丝通上电流后，

❷叙述
科技的日新月异推动了灯的进一步发展，为下文做了铺垫。

碳丝会变热，达到550℃时，它就开始发光，从开始的红色一直到白色。这一过程和我们之前提到的烧红的拨火棍是一样的。

于是人们开始尝试用碳丝制作电灯。但是碳丝接通电流后，很快就燃烧完了，灯也亮不起来。为了不让碳丝燃烧，科学家把灯泡里的空气抽干，或者将类似氮气的惰性气体充进灯泡中。

①传统的灯，不管是火堆、油灯或是天然气灯，它们都离不开空气。而电灯恰恰相反，它不需要任何气体的辅助，原因是碳白热化不需要火焰，而是靠电流。

相信一提到电灯的发明者，很多人会想到美国发明家托马斯·爱迪生，就连爱迪生本人也认为电灯是他发明的。在接受美国一家媒体的记者采访时，爱迪生这么谈自己的发明："当世界看到我的发明时，可能很多人会想，这么简单的东西为什么我没想到呢？"

但现实的情况是，世界上还有一个人比爱迪生早五年就发明了电灯，这个人就是圣彼得堡大学的学生亚历山大·尼古拉耶维奇·罗得亭。

罗得亭发明的电灯

②1873年，在圣彼得堡的别斯卡发生了一件新鲜事。那一天晚上，圣彼得堡的街道上空荡荡的，路边的木头桩上挂着一盏盏煤油灯，发出一片一片幽暗的灯光。

个别的灯里火舌使劲往上蹿着，像是努力要把街道照得更亮些。但火舌蹿得越高，它产生的黑烟也更多，玻璃罩已经被熏得黑乎乎的，灯夫好久没有清洗过灯罩，所以油灯照

❶对比
通过对比，表现了电灯的便利。

❷环境描写
渲染出一种冷清、恐惧的氛围，为下文做了铺垫。

亮的范围很有限。

但是其中一盏路灯却突然发出一种非常耀眼的亮光，像个小太阳一样，照亮了附近的一切。

一个路人经过这里，不由自主地停了下来驻足观看。从店里跑出个孩子，头上顶着一个篮子，用双手托着，快步朝明亮的路灯那里跑去。路灯下聚集的人越来越多，灯光下每个人的脸都看得清清楚楚。

这是1873年白热化电灯替代煤油灯的第一次尝试，这盏电灯就是罗得亭发明的。但是这盏电灯持续的时间太短，没有坚持几小时，就熄灭了。原来，灯里钻进了空气，碳很快烧成了灰烬。

实验失败了，但给了发明者一丝曙光。

罗得亭总结了失败的教训，开始改变灯的结构。

1875年，罗得亭改进后的电灯，安装在了大马尔斯基的佛罗兰商店。这是世界上第一个使用电灯的商店。这种新式电灯在这里提供了两个月的照明。这种灯算是一大进步，它最大的缺点就是结构过于复杂。

结构简单而且寿命更长的电灯，最后由爱迪生发明出来了。

爱迪生发明的电灯

① 爱迪生经过反复试验，最后用碳化竹丝代替了碳丝，为了不使灯丝烧焦，他采取了把灯泡中的空气抽干的方法。虽然罗得亭也采用了这种方法，但是他的灯泡里还残留有空气，这导致了他发明的灯泡寿命不长。

想知道爱迪生的灯泡是怎么制造出来的，可以拿个灯泡

读书笔记

❶做比较
通过对比，突出了爱迪生发明的电灯的优势。

来观察一下。

灯泡上会有一条小尾巴，空气就是从这里被抽干净的。起初，这里连着玻璃管，当空气抽净时，用强火将这里烧断，于是灯泡就形成了密封的状态。

① 爱迪生就是用这种办法让他的灯泡寿命达到 800 小时，也就是说，这个灯泡能连续点亮 800 小时。

爱迪生发明的灯泡最早用在"哥伦比亚"号轮船上。没多久，第一批 1800 个灯泡就运往了欧洲。

❶ 列数字
说明当时爱迪生发明的灯泡寿命很长。

天然气和电的战争

电灯的出现带来了崭新的照明方式，于是人人认为天然气灯已经走到尽头，煤油灯更应该退出历史舞台了。

没错，电灯既不产生污染，亮度又高，只要电路维护好，也不容易引发火灾。更重要的是，电的价格是天然气价格的一半左右。

② 于是生产煤气的厂家开始没落了，商人们开始寻找出路，想办法改善传统的灯具，以便找到与电灯抗衡的方法。

他们从电灯上获得了启发。

电灯中的碳丝之所以能发出明亮的白光，是因为电流让它白热化。也就是说，关键在于加强热。

于是，天然气和煤油的拥护者，设计出一种特殊的金属网，它能经受住高温。将这种金属网罩在火焰上方，网罩被加热后，能发出明亮的白光。

这种网罩被命名为"威尔斯巴赫纱罩"，因为它是由一个叫威尔斯巴赫的发明家发明的。

天然气灯又赢回了人气，因为使用成本下降了一半，相

❷ 叙述
介绍了传统灯具的没落，为下文埋下了伏笔。

较于灯泡短暂的寿命，天然气灯似乎又有了优势。

为什么这么说呢？因为天然气灯的亮度提高了，以前需要两盏天然气灯发出来的光，现在只用一盏就够了，所以用于天然气灯的支出大大减少了。

但是发明家们更愿意把精力投入到新兴的电灯上，他们决定发明更亮、更便宜的灯。

想要使灯更亮，就要在灯丝上下功夫。前面我们已经讲过，只有温度越高，光才会越亮。现在有一个难题摆在科学家面前，当时所用的碳丝已经被加热到极点，如果电流再加大，碳丝就会熔断，灯泡的寿命也会大幅度缩短。

应该找出一种新型材料来替换碳丝。

于是发明家们不得不从天然气灯的拥护者那里借鉴技术。旧的电灯的光是由白热化的碳丝发出来的，而新式的天然气灯则采用了"威尔斯巴赫纱罩"，它是一种熔点非常高的材料，这就保证了它不会被烧熔。电灯也应该使用具有更高熔点的耐热材料。

①发明家们一开始使用熔点较高的锇制作灯丝，但这种金属不够牢固，所以改用钽，最后才选择了钨。

在这些材料中，钨的熔点高达3390℃，是最理想的灯丝材料。

于是，后来的电灯泡灯丝都是以钨为原料。

有意思的是，每一种灯的制造成功都是在旧式灯的经验上改进而来的。

最早的碳丝电灯从天然气灯和煤油灯那里借鉴了白热化的碳。新式天然气灯抛弃了碳，改用"威尔斯巴赫纱罩"。电灯也随之舍弃了碳丝，改为熔点更高的钨丝。

读书笔记

❶列数字
通过数字说明钨丝熔点之高，能够成为更好的灯丝材料。

检验一种借助外部能源的灯成功与否，主要看它的制作成本。使用成本最高的是老式的天然气灯，而新出现的圆头天然气灯比它要好一些，而煤油灯的使用成本只有天然气灯的一半。最便宜的就是最后出现的电灯、白热天然气灯和白热煤油灯。

天然气灯和电灯，谁更好用呢？

天然气灯使用成本与电灯基本相同，而且它的亮度也很高。点亮它也很简单，不像以前那样需要爬梯子上去，用火柴点燃灯头。后来，甚至还出现一种用电点亮灯头的天然气灯。天然气不仅可以用来照明，还能用来取暖和烹饪。而电除了照明，还能供许多家用电器使用。

天然气和电的用途都很广泛，但电在很多方面要优于天然气。① 比如，如果天然气泄漏，轻则会让房间的人中毒，重则会引起火灾或爆炸。而电只要把电路维护好，它是不会发生中毒和爆炸这样的事故的。即使天然气管道不泄漏，在使用过程中，天然气灯也会污染房间中的空气。不仅是天然气灯，只要是靠燃烧照明的灯都会污染空气。

前面我们讲过燃烧的原理，燃烧需要新鲜空气，燃烧过程中会产生二氧化碳和其他物质，它们都是空气的污染源。就像我们呼吸一样，吸进去的是新鲜空气，吐出来的就是污染了的空气。

② 一盏25瓦的煤油灯点一个晚上，会消耗25千克新鲜空气；而一个人在相同的时间内只消耗3千克。一盏煤油灯消耗的空气量等同8个人的消耗量。

如果在一个狭小的房间里挤满了人，时间一长，人就会感到呼吸困难。这是因为新鲜空气减少，污浊空气变多造

❶ 对比
通过对比，表现了电的环保性、安全性。

❷ 列数字
突出了煤油灯的污染性，对人的身体健康构成了极大的威胁。

成的。

我们习惯说"点灯",事实上,电灯不需要点燃,因而它比传统燃油灯更环保。

电还有一个天然气不具备的优点:电流可以沿电线传输得很远,一个大型发电站可以供一个省使用。从这一点来看,天然气就望尘莫及了。

需要点燃的灯

在电灯还没有问世之前,有个名叫纳恩斯特的科学家,发明过一种有趣的电灯。

他所用的灯丝既不是碳丝,也不是金属丝,而是一种叫氧化镁的化合物。氧化镁是一种不会燃烧的物质,再高的温度它也不会燃烧,这非常符合电灯丝的要求;但是,氧化镁并不能直接导电,它需要先加热到一定温度,才能导电。

因此,点亮这种灯要先像点煤油灯那样用火点着。后来他改进了点火的方式,但是这种灯拥护者很少,所以十分昂贵。

世界上最大的灯

20世纪初,有一个科学家制造了一盏20亿瓦的电弧灯,它的直径有2米。按它的亮度计算,如果把它悬挂在30千米的高空,它会发出像月光那样的光洒满大地;如果把它放到太阳那么远的距离,我们用肉眼看,也能看到天空中多出一颗小星星。①这盏灯的碳丝被加热到7500℃的高温,太阳表面的温度在6000℃左右,所以它的温度超过了太阳表面的温度。

> ❶列数字
>
> 借助数字,写出了这盏灯的灯丝温度超过了太阳,突出了它的温度值高。

本站介绍了电灯的发展史。在电灯还没有发明之前，人们主要通过点灯来照明；后来人们将拨火棍加热后白热化的现象和灯的发光现象联系起来，于是没有火的灯问世了。由于当时的技术制约，发明停滞不前，电灯的发展很困难。科学家们后来利用电池的串联解决了这一难题，复杂的灯随之出现。雅勃洛奇科夫发明的灯被人们称为"俄罗斯电灯"，但是后来人们认为弧光灯太亮，放在家中太刺眼，于是改用碳丝来制作电灯。罗得亭发明的灯泡也是用碳丝来制作的，但由于灯泡内仍有残留的空气，他制造的灯泡的寿命很短。爱迪生的发明彻底解决了灯泡寿命短的缺陷。随着电的普及，天然气灯处于不利地位，商家们也在不断改进天然气灯。随着灯的不断发展，20世纪初还出现了世界上最大最亮的灯。

1. 拨火棍和灯有什么联系吗？
2. 为何人们不会广泛用弧光灯？
3. 天然气为什么竞争不过电？

碳

碳元素发现得很早，其常见的自然形式有金刚石、炭、石墨等。碳的化合物非常多，是我们日常生活中不可或缺的物质，其产品从尼龙、汽油、塑料、到鞋油、滴滴涕和炸药等，范围广泛，种类繁多。

第五站　不热的灯光

名师导读

随着时代的发展和科技的进步，我们感受到了电灯带给我们的便利；但是由于条件的限制，最初的电灯会产生很高的温度，甚至有的灯丝超过了太阳表面温度。下面就让我们走进本站，了解一下不热的灯发出的光吧。

怎么把温度降下来？

① 很久以前，人们刚开始学会使用火的时候，火堆既是炉子，又是灯。但在屋里烧一堆火很不方便，而且存在很多隐患。

比如在炎热的夏季，如果你想让房间里有亮光，你就得忍受火堆产生的热量。

那时的人就开始寻找更好的照明方式，以便将照明工具和炉火区分开来，这个过程延续了几千年。

最早取代火堆的是照明木片，照明木片比起火堆来，方

❶背景介绍
说明在很久以前，人们最开始使用火时存在着很多安全隐患，继而引出下文。

便很多，但是它依旧会产生热量。看来想要把光和热拆开并不那么容易办到。为此人们继续努力，又是几千年过去了，直到现在，人们还在为研究冷光而努力着。

电灯出现后，虽然它不用点燃，但依旧会发热。即使它不像传统的燃油灯温度那么高，但你要是把手靠近灯泡，也会感觉到它的热量。

为什么我们不能把光和热分离？道理很简单。

我们只有把东西加热到一定程度，它才会发出光。电灯发光是因为里面的碳丝或金属丝白热化了，天然气灯发光是因为"威尔斯巴赫纱罩"白热化了，煤油灯或其他油灯发光是因为火焰中的碳粒白热化了。

所有白热化的东西，它们不仅会发出看得见的亮光，也会发出一种看不见的热光。

① 如果要光和热彻底分开，我们就需要一场真正的照明革命：放弃通过加热获取光的方法。因为用这种方法得到的永远是热光。我们需要找到新的发光源。

我们真的有必要和热光作斗争吗？现在钨丝灯产生的热量已经很小了，小到不会对我们的生活造成影响。

热量大小不是问题的关键，关键在于热光的产生是极大的浪费。

如果我们的电灯只发光，而不发热，那么使用的电量就会大大减少，发电站所需要的燃料也会相应减少。

照明费用高，不仅是因为电灯还存在缺陷，还在于发电站资源转化率不高。压力锅、蒸汽机、发电机以及电线都会消耗大量能源。燃料中只有 1/5 的能量会用在电灯上，而这 1/5 的能量中只有 1% 会转化为光，相当于我们掏 500 元钱

❶叙述

运用假设复句，为下文的叙述做铺垫。

买燃料，只能得到1元钱的光。

最好的光

世界上有一种最理想的光，它只发光，不发热。这种光很多人都见过，它就出现在夏夜的草丛里。

这种光是萤火虫发出的。如果我说，萤火虫不仅是最好的灯，而且它的光优于太阳光，你会感到惊讶吗？

①太阳光发出的热光是亮光的五倍，而萤火虫却不会发出热光，它发出的光叫冷光。如果萤火虫和太阳一样发出亮光和热光，它会被烧死的。萤火虫的光还有一个优点，那就是它的光比太阳光更让人感到舒服。

太阳和电灯发出的光看起来都是白光，但实际上它们发出的光是由赤、橙、黄、绿、青、蓝、紫这七种颜色组成的。

让阳光穿过棱镜观察，你就能看到它折射出带有颜色的光。彩虹是太阳光被水滴折射或反射后形成的一种光学现象。不是所有的光都会让人感觉舒适，有的光甚至会影响人的视力。②红光太暗淡了，所以没有人在红光灯下工作。

绿光则看起来很舒适，因而我们的很多工作都是在绿光灯下进行的。

给拨火棍加强热，早先发出的光是红光，随着温度的升高，它会慢慢改变颜色，直到变成白色。温度越高，红光就越少，其他颜色就越多。所以，为了让灯更加明亮，就需要给灯丝加强热，电灯、威尔斯巴赫纱罩到天然气灯都是这个原理。

经济型电灯的光比碳丝灯光更白更亮，是因为我们通过加热让金属丝比碳丝更热，同样的道理，碳丝灯比煤油灯

❶叙述

介绍了萤火虫发光的特征和"冷光"概念。

❷对比

通过对比，表现出不同的光给人们的感受也不同。

亮，煤油灯比植物油灯要亮。

但是电灯依旧会发出红光，这就是在电灯下长时间工作或学习会伤害眼睛的原因。

要想彻底摆脱热光和红光，就要放弃白热化。

萤火虫发出的光就不需要白热化，并且它几乎不产生红光，因而对人来说，这是最好的光源。在深海里，有些海洋生物也会发出冷光。发明家正试图从它们身上找到新的光源。

如果能找出萤火虫发光的秘密，我们就能做出更好、更经济的灯来。

① 科学家在这方面已经取得进展。20世纪初，化学家从萤火虫身上成功提取出两种物质——荧光素和荧光素酶，这就是萤火虫发光的秘密。相信不久的将来，科学家能人工合成这两种物质，那个时候，我们就能用到更好的灯了。

从火堆到电灯

电灯的出现，极大地改变了我们的生活方式，让我们的生活和出行更方便。② 电灯的出现具有划时代的意义，它不是一个人的功劳，而是由不同国家、不同的人历经漫长的时间，才发明出来的。

从改变灯的燃料、灯的结构到寻找新的光源，这都需要知识的积累和不计其数的实验，绝非一个人在短时间内可以做到的事。

这个过程是很艰辛的，有多少人夜以继日扑在实验室里，有多少人冒着生命危险做着前人没有做过的尝试，他们失败了多少次恐怕没人知晓。但是他们就是在一次次失败的教训上总结经验，朝着一个目标迈进。

读书笔记

❶ 叙述
交代了经过科学家不断的努力，在新的灯具领域终于有了新发现，取得了新进展。

❷ 背景介绍
结合背景，引出下文对电灯发展史的介绍。

①这个目标就是找到一种方便获取光源的方法。

这项工作开始的时间非常早。科学家推断，早在25000年前，原始人就开始寻找获取光源的方法。

几千年前，人们尝试用火取得光源，它几乎与人学会保存火种在同一时期产生。夏天森林着火后，原始人把火种采集到了山洞里，小心看护着它，不让它熄灭，同时在夜晚也获得了光明。

获得光的方法有了，人们又开始考虑怎么能让它更方便、更明亮。

照明木片的出现，让人们懂得燃烧的关键在于树脂，于是人们抛弃了木片，开始采集树脂。人类第一盏油灯出现了。但是树脂烧燃并不理想，于是人们又换成植物油。植物油还不能令人满意，于是人们开始改进灯的结构，让植物油燃烧得更加充分。这期间，世界上出现了很多奇妙的灯，有的带泵，有的带机械装置，有的灯结构设计得非常复杂。

改善灯的结构已经走到了尽头，但油灯仍不能令人满意。它仍会冒黑烟，而且燃烧的时间很有限。

②发明家们在新燃料的发明上有了突破，研究出了获取硬脂、煤油、天然气的方法，比起传统的植物油它们能让灯芯更好地燃烧。好的燃料有了，灯具的结构却简单多了。像泵和动力机械装置等这些复杂的东西通通退出了历史舞台。

但是最终的目的还没有达到。煤油、天然气要燃烧才能发光，而燃烧就会产生烟，就会产生废气，还会有火灾的隐患。

而造成这些问题的关键因素，就在于光需要燃烧才能获得。

❶承上启下
承接人们夜以继日地实验、尝试，引出人们找到了获取光源的方法，表现了人类坚持不懈的品质。

❷叙述
介绍了发明家们刻苦上进的敬业精神。

发明家们又有了新的目标，发明了一种不需要点燃的灯。燃烧是为了让灯芯达到白热化，而达到白热化除了燃烧外，还能借助电流。

因而发明家们又回到了寻找材料的原点上。

最初人们选择碳为原料，但是碳无法达到白热化的效果。

后来人们又尝试用金属，经过不断试验，终于选用了熔点非常高的钨。

但是，人们对灯的追求还没走到尽头，电灯还有很大的改进空间。

现在的任务是让能源能高效率地转化为光，尽量减少资源浪费，减少环境污染。如此一来，就迫切需要改进传统获取光的方式：从需要加热获取光到不需要加热就能获取光。

其实这样的灯已经出现了。

这是一种长长的玻璃管，里面充满特殊的气体，给它接上电源后，它就会发出非常柔和的光来。这种玻璃管里没有灯丝，所以不是通过白热化产生光，也就不会产生热量。

①如果玻璃管中充入氖气，它就会发出金色的光；如果玻璃管中充入氢气，它就会发出玫瑰色的光；如果充入的是二氧化碳，它就会发出白光；充入氩气会发出紫色的光；充入氖气会发出红色的光。

这种灯管用来做装饰最合适不过了，用它做成五颜六色的广告牌看起来非常显眼。用它装饰整个大楼，这座大楼在晚上就会变得五彩缤纷。

除了做装饰灯之外，它们还能用来做信号灯。氖气管中的红光能穿透厚厚的雾气，所以常常用来为车辆、飞机、轮船指引方向。

❶对比
借助对比，生动地描述了玻璃管中充入不同的气体时，会发出不同颜色的光，从而为下文埋下了伏笔。

用这种充气灯管是否划算呢？

起初做这种灯会消耗大量能源，后来随着生产工艺的改进，能源消耗问题已经缓解。现在这种灯管比我们用的普通灯泡还要节能。

后来人们在灯泡中加入钠气，它会发出柠檬黄的光。从外表上看，钠气灯和普通灯没有区别，但仔细看，你会发现，钠气灯是没有灯丝的。

①一盏500瓦的钠气灯消耗的电能要少于一盏100瓦的普通电灯，这就是它的优势。

含有发光气体的灯，称作霓虹灯，因为它有节能、亮度高、颜色多变等优点，大有取代普通灯泡的趋势。霓虹灯现在在摩登城市已经大量使用，它装饰了城市的夜晚，让一座城市成为绚丽多彩的不夜城。

②20世纪初，英国的克拉顿机场在飞机跑道上最先使用了这种充气灯管。灯管安装在一条沟槽里，沟槽上面覆盖着钢化玻璃。夜晚飞机降落时，就能看到一条跑道清晰的轮廓。

现在，人们已经告别黑夜无光的时代，且获得光明的方法更加多样。人类靠着自己的聪明才智，终于在漆黑的夜里获得了太阳般的光明。

❶列数字
写出了钠气灯的优势，比普通灯更节能。

❷举例子
解释了充气灯的光照强度以及带给人们的便利。

本站首先介绍了人们最初使用火来照明，但用火照明存在着安全隐患；而普通电灯的出现大大降低了这种隐患。但是由于电灯持续发热，能量白白

流失，造成了很多浪费。为了寻求更好的光源，发明家们通过萤火虫发光的原理，发现了荧光素和荧光素酶，经过夜以继日地不断研究，总结了失败的教训，最终发明了玻璃管灯。往灯管中充入不同的气体就会发出不同颜色的光，这种灯节能环保，满足了大众的需要，受到了人们的欢迎。

1. 人们为什么要发明电灯？
2. 最开始的电灯为什么后来被淘汰了？
3. 充气玻璃管灯具有什么优势？

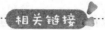

氖气

氖气(Ne)是一种无色、无味、不容易点燃的稀有气体。通常情况下，氖气可以作为彩色霓虹灯的充装气体。此外，氖气还可用于可视发光指示灯、电压调节以及激光器混合气体。

阅读总结

名家心得

伊林,他以前的许多著作早已为许多读者所熟知。这些著作非常成功,是因为作者是那种"把复杂深奥的事情讲得简单明了"的稀有的天才。

——高尔基

内容丰富,文字生动,思想活泼,段落简短。

——著名科普作家 高士其

读者感悟

我想问一个问题——"干冰"是冰吗?有人会说是,也有人说不是,因为他们是瞎猜的。我读了《十万个为什么》这本书后知道了这个问题的答案,那就是——干冰不是冰。现在让我来告诉你什么是干冰吧。曾经有几个地质勘探队员去美国的得克萨斯州勘探油矿,他们在用钻探机打孔,当钻到很深的地方时,突然,从钻孔里喷出了一大堆白色的"雪花"。地质勘探队员们很好奇,就上前滚雪球,结果他们的手上有的起了泡,有的变黑了。原来那"白雪"并不是真正的雪,而是"干冰"。干冰不是水凝结而成的,而是由无色的二氧化碳凝结而成，所以说它不是冰。如果把二氧化碳装在一个铁桶里，再加大压力，它就会变成像水一样的液体；如果温度很低，它就会变成宛如冬天的雪花一样的固体，也就是干冰。它的温度能达到 -78.5℃，所以干冰是不能直接用手去拿的。

《十万个为什么》里的知识真丰富，给我们解释了很多为什么，比如为什么水不能燃烧？即使在常温下有些物体只要有机会和氧气"见面"，它们就会立刻同氧气"结合"并一起自燃起来。当然，也有不少物质和氧气根本就不能结合，所以也就不会燃烧了，水就是因为不能跟氧气结合才不能燃烧起来的。

还有无数个"为什么"，我不能给你一一列举出来，我只能邀请你走进书中，在书中寻找答案。

阅读拓展

水有下列各种形态：

名称	形态	成因
雪	固态	当云中的温度过低时，云中的小水滴就会结成冰晶，落到地面上就成了雪。
霜	固态	当空气中的小水滴遇冷时，就凝固成碎冰状的结晶，这就是霜。
冰	固态	当水的温度降到0℃以下，就会凝结成固态的冰。
云	液态	当水蒸气在高空中遇冷凝结成小水滴而飘浮在高空时，这些小水滴就是我们看到的云。

名称	形态	成因
雨	液态	大多数飘浮在空中的小水滴会合并，且越来越大，最后会变成大水滴，落到地面就成了雨。
露	液态	当空气中的水蒸气遇冷凝结成小水滴并附着在物体上时，就成了露珠。
雾	液态	空气中的水蒸气遇冷凝结成小水滴，当它们接近地面时就形成了雾。
水蒸气	气态	当水遇热蒸发后，就形成了气态的水蒸气，水蒸气用肉眼是无法看见的。

真题演练

一、填空题

1. 1672年，（　　）在伦敦出版了《俄国现状，致伦敦友人书中的记叙》一书。

2. 同样质量的水变成冰后，体积会大（　　）倍。

3. 来自江河湖泊的水通过专用的管道流进自来水厂，经过（　　）（　　）（　　）和（　　），再通过水泵加压，最后流进自来水管道中。

4. 火柴头上裹了一层（　　　　　　　），当火柴头上的易燃物与火柴盒一侧的发火剂相摩擦时，火柴杆就会点燃着火。

二、判断题

1. 人们从广场的水井里打上来的水是干净的。（　　）

2. 只靠自来水冲一下就能将顽固污垢冲净。（　　）

3. 冰会像水一样爆炸。（　　）

4.世界上有不透明的水和透明的铁。（ ）

三、简答题

1.为什么现代人的身体更健康呢？

2.人为什么要喝水？

3.大块的冰川为什么能从山上滑下来？

一、填空题

1.柯林斯

2.1/9

3.沉淀　过滤　消毒　入库

4.易燃的化学物质

二、判断题

1.×　2.×　3.√　4.√

三、简答题

1.因为水、肥皂和干净的环境消灭了病菌的生存空间。

2.人体内含有大量水分，人在日常活动时，水分无时无刻不在消耗，当水分消耗到一定程度时，我们就会感到口渴，这时就需要喝水补充水分了。

3.因为冰在压力下，下面的冰面与地面挨着的一层会融化，使冰川的阻力变小，从而使冰川从山上滑落下来。

爱阅读课程化丛书 / 快乐读书吧

外国经典文学馆

序号	作品	序号	作品	序号	作品
1	七色花	31	格列佛游记	61	好兵帅克历险记
2	愿望的实现	32	我是猫	62	吹牛大王历险记
3	格林童话	33	父与子	63	哈克贝利·费恩历险记
4	安徒生童话	34	地球的故事	64	苦儿流浪记
5	伊索寓言	35	森林报	65	青 鸟
6	克雷洛夫寓言	36	骑鹅旅行记	66	柳林风声
7	拉封丹寓言	37	老人与海	67	百万英镑
8	十万个为什么（伊林版）	38	八十天环游地球	68	马克·吐温短篇小说选
9	希腊神话	39	西顿动物故事集	69	欧·亨利短篇小说选
10	世界经典神话与传说	40	假如给我三天光明	70	莫泊桑短篇小说选
11	非洲民间故事	41	在人间	71	培根随笔
12	欧洲民间故事	42	我的大学	72	唐·吉诃德
13	一千零一夜	43	草原上的小木屋	73	哈姆莱特
14	列那狐的故事	44	福尔摩斯探案集	74	双城记
15	爱的教育	45	绿山墙的安妮	75	大卫·科波菲尔
16	童 年	46	格兰特船长的儿女	76	母 亲
17	汤姆·索亚历险记	47	汤姆叔叔的小屋	77	茶花女
18	鲁滨逊漂流记	48	少年维特之烦恼	78	雾都孤儿
19	尼尔斯骑鹅旅行记	49	小王子	79	世界上下五千年
20	爱丽丝漫游奇境记	50	小鹿斑比	80	神秘岛
21	海底两万里	51	彼得·潘	81	金银岛
22	猎人笔记	52	最后一课	82	野性的呼唤
23	昆虫记	53	365夜故事	83	狼孩传奇
24	寂静的春天	54	天方夜谭	84	人类群星闪耀时
25	钢铁是怎样炼成的	55	绿野仙踪	85	动物素描
26	名人传	56	王尔德童话	86	人类的故事
27	简·爱	57	捣蛋鬼日记	87	新月集
28	契诃夫短篇小说选	58	巨人的花园	88	飞鸟集
29	居里夫人传	59	木偶奇遇记	89	海的女儿
30	泰戈尔诗选	60	王子与贫儿		陆续出版中……

中国古典文学馆

序号	作品	序号	作品	序号	作品
1	红楼梦	12	镜花缘	23	中华上下五千年
2	水浒传	13	儒林外史	24	二十四节气故事
3	三国演义	14	世说新语	25	中国历史人物故事
4	西游记	15	聊斋志异	26	苏东坡传
5	中国古代寓言故事	16	唐诗三百首	27	史 记
6	中国古代神话故事	17	小学生必背古诗词70+80首	28	中国通史

序号	作品	序号	作品	序号	作品
7	中国民间故事	18	初中生必背古诗文	29	资治通鉴
8	中国民俗故事	19	论语	30	孙子兵法
9	中国历史故事	20	庄子	31	三十六计
10	中国传统节日故事	21	孟子		陆续出版中……
11	山海经	22	成语故事		

中国现当代文学馆

序号	作品	序号	作品	序号	作品
1	一只想飞的猫	36	高士其童话故事精选	71	大奖章
2	小狗的小房子	37	雷锋的故事	72	半半的半个童话
3	"歪脑袋"木头桩	38	中外名人故事	73	会走路的大树
4	神笔马良	39	科学家的故事	74	秃秃大王
5	小鲤鱼跳龙门	40	数学家的故事	75	罗文应的故事
6	稻草人	41	从文自传	76	小溪流的歌
7	中国的十万个为什么	42	小贝流浪记	77	南南和胡子伯伯
8	人类起源的演化过程	43	谈美书简	78	寒假的一天
9	看看我们的地球	44	女神	79	古代英雄的石像
10	灰尘的旅行	45	陶奇的暑期日记	80	东郭先生和狼
11	小英雄雨来	46	长河	81	红鬼脸壳
12	朝花夕拾	47	丁丁的一次奇怪旅行	82	赤色小子
13	骆驼祥子	48	小仆人	83	阿Q正传
14	湘行散记	49	旅伴	84	故乡
15	给青年的十二封信	50	王子和渔夫的故事	85	孔乙己
16	艾青诗选集	51	新同学	86	故事新编
17	狐狸打猎人	52	野葡萄	87	狂人日记
18	大林和小林	53	会唱歌的画像	88	彷徨
19	宝葫芦的秘密	54	鸟孩儿	89	野草
20	朝花夕拾·呐喊	55	云中奇梦	90	祝福
21	小布头奇遇记	56	中华名言警句	91	北京的春节
22	"下次开船"港	57	中国古今寓言	92	济南的冬天
23	呼兰河传	58	雷锋日记	93	草原
24	子夜	59	革命烈士诗抄	94	母鸡
25	茶馆	60	小坡的生日	95	猫
26	城南旧事	61	汉字故事	96	匆匆
27	鲁迅杂文集	62	中华智慧故事	97	落花生
28	边城	63	严文井童话故事精选	98	少年中国说
29	小桔灯	64	仰望第一面五星红旗升起	99	可爱的中国
30	寄小读者	65	徐志摩诗歌	100	经典常谈
31	繁星·春水	66	徐志摩散文集	101	谁是最可爱的人
32	爷爷的爷爷哪里来	67	四世同堂	102	祖父的园子
33	细菌世界历险记	68	怪老头		陆续出版中……
34	荷塘月色	69	从百草园到三味书屋		
35	中国兔子德国草	70	背影		